U0158591

山东社会科学院出版资助项目

# 山东海洋强省
# 建设前沿问题研究

崔凤祥　王圣　著

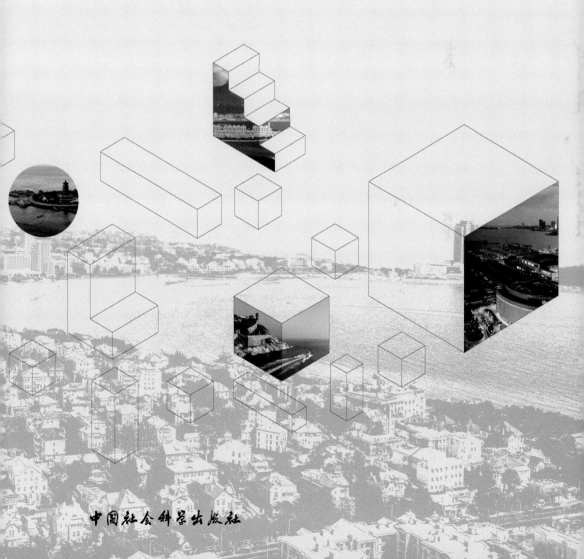

中国社会科学出版社

**图书在版编目（CIP）数据**

山东海洋强省建设前沿问题研究/崔凤祥，王圣著．—北京：中国社会科学出版社，2021.11
ISBN 978 – 7 – 5203 – 8843 – 6

Ⅰ.①山… Ⅱ.①崔… ②王… Ⅲ.①海洋经济—区域经济发展—研究—山东 Ⅳ.①P74

中国版本图书馆 CIP 数据核字（2021）第 154867 号

| | | |
|---|---|---|
| 出 版 人 | 赵剑英 | |
| 责任编辑 | 李庆红 | |
| 责任校对 | 李 莉 | |
| 责任印制 | 王 超 | |

| | | |
|---|---|---|
| 出 版 | 中国社会科学出版社 | |
| 社 址 | 北京鼓楼西大街甲 158 号 | |
| 邮 编 | 100720 | |
| 网 址 | http：//www.csspw.cn | |
| 发 行 部 | 010 – 84083685 | |
| 门 市 部 | 010 – 84029450 | |
| 经 销 | 新华书店及其他书店 | |

| | | |
|---|---|---|
| 印 刷 | 北京君升印刷有限公司 | |
| 装 订 | 廊坊市广阳区广增装订厂 | |
| 版 次 | 2021 年 11 月第 1 版 | |
| 印 次 | 2021 年 11 月第 1 次印刷 | |

| | | |
|---|---|---|
| 开 本 | 710×1000 1/16 | |
| 印 张 | 15 | |
| 插 页 | 2 | |
| 字 数 | 224 千字 | |
| 定 价 | 86.00 元 | |

凡购买中国社会科学出版社图书，如有质量问题请与本社营销中心联系调换
电话：010 – 84083683

# 绪　　论

海洋是人类文明的摇篮，是区域经济发展的空间载体，承载着人类社会的希望和未来。纵观世界历史发展，由大陆走向海洋，由海洋融入世界是一个国家和地区繁荣昌盛的基本路径。习近平总书记指出，建设海洋强国是中国特色社会主义事业的重要组成部分。我们坚持走依海富国、以海强国、人海和谐、合作共赢的发展道路，通过和平、发展、合作、共赢方式，实现建设海洋强国的目标。大力发展海洋经济，建设世界一流的海洋港口、完善的现代海洋产业体系、绿色可持续的海洋生态环境，打造海洋强国是中国海洋经济发展的战略定位，也是推进我国海洋经济高质量发展的基本导向。海洋经济成为经济转型发展的新高地和新亮点。

## 一　海洋资源是支撑经济高质量发展的新保障

按照当前的全球人口与经济增长态势，陆地资源已难以承受未来发展，向海洋拓展，开发利用海洋资源成为必然。据联合国环境规划署发布的《全球资源展望—2019》显示，过去 50 年中，全球 GDP 增加了 4 倍，人口翻了一番，但全球每年的资源开采量从 270 亿吨上升到 920 亿吨。全球金属矿产开发自 1970 年以来以年均 2.7% 的速度增加，化石燃料使用量从 1970 年的 60 亿吨增加到 2017 年的 150 亿吨，主要用于食品、原材料和生物能源的生物质利用从 90 亿吨增加到 240 亿吨，单纯依靠陆地资源已无法承载未来发展。

海洋蕴藏着丰富的海洋生物、矿产与能源资源，具有广阔的开发前景和战略价值。海洋成为人类食物蛋白质的重要来源，相关国际机构评估结果显示，全球传统海洋渔业资源潜在渔获量为 1 亿—2 亿吨，其中海洋鱼类约为 1 亿吨，同时广阔的浅海与海湾海域为海水养殖提供了充足的空间，源源不断为人类提供了食物。海洋油气已成为国际油气资源开发的重点领域，全球海洋石油储量占世界石油总储量的34%左右，已探明海洋石油储量400亿吨，天然气储量约45万亿立方米，是未来国际油气开发的主要对象。以大洋锰结核、钴结壳、金属硫化物和天然气水合物为代表的深海矿产开发潜力巨大，仅太平洋西部一处海底钴矿的产量就可满足世界25%的钴需求，而已探明的海底天然气水合物总储量相当于全世界已知煤、石油和天然气等资源总量的两倍。此外，全球80%的金刚石（钻石）、90%的独居石、75%的锆石、90%的金红石和75%的锡石都蕴藏在海滨砂矿中；海水中有80多种化学元素，各种盐类蕴含量高达5亿亿吨，再加上已被广泛开发利用的海洋文化旅游与港口岸线资源，海洋资源将成为未来全球经济持续健康发展的基本保障。

我国海岸线漫长，拥有广阔的海域和海岛空间，是世界海洋资源大国之一。1.8万千米的大陆海岸线，300万平方千米的管辖海域，1.1万余个海岛，蕴藏着丰富的海洋生物、油气、矿产、可再生能源及文化旅游等资源。综合海洋资源禀赋与美国、加拿大、俄罗斯、澳大利亚等海洋大国一起位居世界前列，也是世界上首屈一指的海洋渔业、滨海旅游资源及港口岸线、海域养殖空间利用大国。此外，海洋油气、海上可再生能源等海洋资源利用也取得突破，紧随欧、美、日等海洋强国（地区），具有雄厚的海洋资源开发能力和产业基础，为实现高质量发展提供了资源保障。

## 二 海洋科技是推动经济创新发展的新引擎

海洋的广袤性、流动性和未知性决定了海洋开发利用的高投入、高风险和高不确定性，也决定了海洋科技创新对于海洋开发利用的重要支撑和保障作用。高质量的海洋开发建立在海洋科技创新基础上，海洋科技的突破又在很大程度上决定着世界海洋开发的方向和变化趋势。海上航运与经贸往来的需求推动了世界航运技术的创新，现代船舶、海上通信、港口物流科技日新月异，绿色船舶、冷链物流、智慧港口等诸多现代航运技术取得突破。海洋矿产开发，特别是深海油气与大洋金属矿产勘探带动了一大批高端装备、电子信息、人工智能技术以及物理海洋、海洋化学、海洋工程等基础科学的研究，海洋新能源、海洋生物医药等新型海洋资源的开发则带动了一批现代生物技术、海洋新材料技术的原始创新，海洋大数据、海洋超算、海洋物联网、水下机器人等一批现代科技成果已成为推动全球新型海洋资源开发的重要技术保障，也为国际科技创新的突破发展提供了有力的外在经济驱动力。

在国内，以青岛海洋科学与技术试点国家实验室、中国科学院海洋大科学研究中心、国家深海基地、南方海洋科学与工程广东实验室等为核心的一批具有国际一流水平的海洋科技创新机构的崛起正是得益于海洋强国战略的实施。海洋大开发浪潮不仅推动了我国海洋经济的振兴，更是助推了海洋科技的跨越，催生了以深潜器、深水海工装备、智能深水网箱、大型海洋工程船、新型海洋药物等为代表的一批重大海洋科技创新成果，有效地提升了我国海洋科技创新大国的地位。

### 三　海洋产业是实现经济持续发展的新载体

世界海洋理事会执行主席保罗·霍尔休斯曾指出："海洋经济等同于全球经济。"全球经济一体化加速了外向型经济的发展，对海洋资源与空间的依赖度大幅提高。现阶段，超过80%的国际贸易商品源自海上运输，全球近90%的野生水产品、超过1/3的养殖水产品来自海洋，海洋油气开采量已占全球油气总产量的1/3左右，约70%的旅游休闲活动发生在滨海与海岛地区，以海洋油气、港口航运、海洋旅游和海洋渔业为主体的海洋产业已成为包括欧美发达国家，以及亚非发展中国家国民财富增长的重要来源。

据经合组织（OECD）最新报告《海洋经济2030》显示，2010年全球海洋产业直接贡献保守估计在1.5万亿美元，约占全球GDP的2.5%；预计2020年将突破3万亿美元，对全球GDP的贡献将达到3.5%。2018年，我国海洋GDP达到8.34亿元，占国内GDP的9.3%。预计到2035年，我国海洋经济总量占国内GDP的比重将达到15%左右，广东、山东等沿海大省继续领跑国内海洋经济发展。以蓝色经济区建设闻名中外的山东海洋GDP2018年达到1.6万亿元，占

GDP 比重超过 20% 。

依托雄厚的现代临海产业基础，推动陆海产业融合发展，大力培育战略新兴产业，打造沿海经济转型发展的新亮点，包括以远洋捕捞、绿色养殖、海洋生物新材料及生物环保产品为重点的海洋生物资源利用的空间与深度的拓展，对波浪能、海流能、潮汐能等海洋可再生能源，以及海上风电和海藻质能的开发利用，多元化的滨海及海上旅游产品开发，国际海上航运保障与海洋权益维护体系的强化，以及远洋战略保障、深海大洋勘探及深远海矿产资源利用等，推动沿海经济由陆向海转型发展将成为引领沿海地区社会经济持续发展的重要产业增长动力。

### 四 海洋生态文明建设是实现经济绿色发展的新动力

海洋占地球表面积的 71% ，是维持地球生态系统的重要功能调节器和能源储备库，也是地球上最后一块生命原野和未知空间。随着海洋工程技术的突破及探索开发海洋空间的拓展，人类活动对海洋的影响和压力也在日益增强，海洋正在面临着生境丧失、海水富营养化、生物多样性减少、资源衰退等多元化的生态环境危机，海洋成为区域生态文明建设不可或缺的重要内容，海洋生态文明建设成为实现绿色发展的必由之路。

陆源污染与海上环境污染防治、海洋产业绿色化发展、海洋保护区建设等成为以欧美为代表的沿海国家及地区生态文明建设的基本内容。2007 年，欧盟《海洋综合政策》蓝皮书提出了清洁、健康与富有生产力的海域环境保护目标。2018 年，欧盟又提出了蓝色发展理念，将海洋产业绿色化发展纳入欧盟海洋战略，确立了海洋生态系统健康是海洋经济可持续发展根基的定位，突出了海洋经济发展中的海洋环境保全与可持续管理理念。美国则全力推进海洋保护体系建设，相继建立了数百个以海洋类国家公园、国家海岸、国家纪念地等为典型代表的海洋保护区网络，海域保护总面积超过 300 万平方千米，其中最大的太平洋远岛海洋保护区面积超过 100 万平方千米，海洋生态多样性及海洋文化遗产保护成效显著。

在中国，为应对海洋经济大发展带来的近海生物资源枯竭、海域环境恶化、海湾湿地与岸线退化等重大海洋环境问题，国家海洋局推出了包括国家级海洋生态文明建设示范区建设、碧海行动计划、"南红北柳""蓝色海湾"等在内的一系列具有国家和地方特色的海洋生态保护计划。山东、浙江、福建等沿海省市也相继推出了包括区域海洋环境治理、生态红线、生态修复、绿色产业培育及海洋生态文明示范区建设等一系列重大举措，使海洋成为沿海地区生态文明建设的主战场，绿色发展注入源源不断的动力。

**五　海洋经济是强国之路的战略抉择**

向海则兴，背海则衰。多样的海洋资源储备、广阔的海域利用空间和丰厚的海洋产业收益，使海洋成为国际科技竞争和国家海洋实力比拼的重要战场。全面发展海洋经济，培育海洋高新技术产业，推动海洋经济高质量发展已成为沿海国家的共识。只有坚持向海发展理念，抢占全球海洋科技和海洋产业制高点，才能更好地抢占国际海洋市场，维护国家海洋权益，保障国家海洋安全。为此，欧、美、日、韩等海洋发达国家和地区，中国、俄罗斯、南非等发展中大国纷纷制定实施国家海洋开发战略，旨在通过国家政策引导和资金扶持，培植其海洋产业发展，力求在全球激烈的海洋市场竞争中抢得先机。

美国是当前全球首屈一指的海洋强国，其国家《海洋行动计划》提出要制定海洋研究优先发展计划与实施战略，加强海洋资源的利用与保护，推动海洋捕捞、近海养殖业、海洋交通运输业可持续发展，以及加强对外大陆架海洋能源的利用，支持近海能源开发等，海洋产业已成为其国家重要的经济增长点。欧盟对其蓝色经济发展进行了全面评估，提出了蓝色经济发展战略，出台了包括《海洋产业集聚发展对策》《近海风能行动计划》等多个海洋产业发展政策，鼓励欧盟海洋产业集群和海洋技术创新平台建设，确保欧盟在新兴海洋产业，包括海洋生物技术、近海可再生能源、水下技术与装备以及海水养殖领域的国际领先地位等。澳大利亚《海洋产业发展战略》确定了包括海水养殖、近海油气、船舶制造、海洋航运、海洋旅游及海洋生物、海底矿产、海洋清洁能源等海洋新兴产业在内的八大重点产业领域。日本通过《海洋基本法》，力求通过开发海洋资源来为国家经济发展提供水产品、能源及航运保障。韩国政府重点支持高附加值海洋产业的发展，通过扶持风险企业创业孵化中心来培育海洋风险投资企业，以推动绿色航运、海洋生物、海洋高端装备制造产业发展。

党的十八大以来，以习近平同志为核心的党中央高度重视海洋强国建设，习近平总书记就经略海洋发展海洋经济发表了系列重要论述，海洋经济发展进入崭新时期。海洋经济成为新的经济发展亮点，沿海地区经济增长呈现出新的阶段性特征，即以海洋科技创新为基础，以海上航运贸易为渠道，以传统海洋产业提升为核心，以海洋新兴产业培育为重点的海洋经济特色新区成为沿海地区经济增长的重要引擎，沿海地区开始迈入海洋经济时代。临海经济区、蓝色经济区、国家级海洋经济新区、海洋经济科学发展示范城市、海洋经济发展示范区以及全球海洋中心城市等一系列以海洋经济发展为特色的国家新型经济园区与示范城市相继纳入国家规划，沿海地区出现了海洋经济发展热潮，打造海洋经济发展新高地成为沿海地区经济转型发展的重中之重。

作为东部沿海大省，山东对海洋的开发和利用起步早、见效快，海洋经济发展在全国处于领先地位，海洋 GDP 仅次于广东省，海洋产业发展处于较高水平。近年来，山东省海洋经济始终保持着较高的增长速度。2001 年，全省海洋 GDP 不到 2000 亿元；2011 年，全省海洋 GDP 增加到 8080 亿元，翻了两番多；到了 2018 年，全省海洋 GDP 达到 1.55 万亿元，相比 2011 年翻了一番，年均增速达到 8.5%。进入 21 世纪以来，全省海洋经济总量年均增长近 15 个百分点，超出地方国民经济增速 3 个百分点，海洋经济占全省 GDP 的比重稳步提高，海洋经济成为山东新旧动能转换的重要动力源和增长极。当前，山东正牢记习近平总书记嘱托，深入实施"八大发展战略"，加快推进海洋强省建设，海洋经济发展势头强劲。

山东社会科学院作为省委、省政府重要的"思想库""智囊团"，长期致力于经济社会发展重大理论与现实问题的研究，具有较强的战略研究与政策咨询能力。海洋领域的相关研究是山东社会科学院的特色和优势之一。在全国最早提出了实施"海上山东"建设的战略思路，最早开展了山东半岛蓝色经济区概念规划研究，为山东半岛蓝色经济区建设上升为国家战略提供了强有力的智力支持，一大批应用对策研究成果得到中央和省领导肯定性批示，一部分成果被省委、省政府文件采纳，进入决策，为山东海洋强省建设做出积极贡献。

为进一步深化对海洋强省建设目标要求的认识，迸发出建设新时代现代化强省的强大动力，要组织精干科研力量，依托山东海洋强省建设的崭新实践，紧密结合海洋经济发展新趋势、新特点，围绕海洋科技创新、渔业转型升级、港口物流发展、海洋治理、海洋文化、海洋生态文明、海洋经济区域协调发展、海洋国际合作等海洋强省建设的前沿问题展开前瞻性、战略性和针对性研究，为海洋强省建设贡献力量，彰显责任担当。

# 目　　录

第一章　建设海洋强省——建设海洋强国的山东担当 ……………… 1

　　第一节　深刻认识海洋强省建设的重大意义 ……………… 1

　　第二节　充分认识新时代山东发展的最大优势和潜力 ……… 5

　　第三节　山东海洋强省建设的机遇与挑战 ………………… 9

　　第四节　山东海洋强省建设的前景展望 …………………… 11

第二章　山东海洋科技创新研究 ……………………………………… 15

　　第一节　海洋科技创新基础条件 …………………………… 15

　　第二节　山东海洋科技创新驱动能力评估及其原因分析 …… 18

　　第三节　提高山东海洋科技创新能力的对策建议 ………… 29

第三章　加快推进渔业转型升级研究 ………………………………… 38

　　第一节　新时期对渔业发展的要求 ………………………… 38

　　第二节　山东省渔业发展存在的主要问题 ………………… 39

　　第三节　渔业转型升级分析 ………………………………… 47

　　第四节　国内外经验或启示 ………………………………… 51

　　第五节　山东省渔业转型升级对策与建议 ………………… 58

第四章　山东港口物流发展研究 ……………………………………… 62

　　第一节　山东港口物流业发展现状 ………………………… 62

　　第二节　山东港口物流效率评估 …………………………… 69

　　第三节　山东省港口整合经验借鉴 ………………………… 77

第四节　山东港口物流业发展对策建议 …………………… 78

第五章　山东海洋治理体系和海洋治理能力建设研究 ………… 83

　　第一节　建设背景及意义 ………………………………… 83

　　第二节　内涵、发展趋势及特征 ………………………… 85

　　第三节　国内外经验借鉴或启示 ………………………… 88

　　第四节　现状、问题及政策建议 ………………………… 96

第六章　山东省海洋文化遗产发掘与保护 ……………………… 101

　　第一节　山东省海洋文化资源及精神特质 ……………… 102

　　第二节　山东海洋文化遗产发掘和保护存在的问题 ……… 106

　　第三节　山东海洋文化遗产资源发掘和保护对策 ……… 111

　　第四节　山东海洋文学发展概述及存在问题探讨 ……… 118

第七章　加快实现山东海洋文化产业高质量发展 ……………… 127

　　第一节　海洋文化产业前沿问题 ………………………… 128

　　第二节　海洋文化产业发展的经验借鉴 ………………… 129

　　第三节　山东省海洋文化产业发展存在的问题和对策 ……… 132

第八章　山东海洋生态文明建设研究 …………………………… 141

　　第一节　国内外发展热点综述 …………………………… 142

　　第二节　山东发展成效与问题分析 ……………………… 149

　　第三节　对策措施建议 …………………………………… 157

第九章　山东海洋经济区域协调发展研究 ……………………… 164

　　第一节　山东海洋经济区域发展现状 …………………… 164

　　第二节　山东海洋经济区域发展存在的问题 …………… 171

　　第三节　其他沿海省份海洋经济区域协调发展经验与

　　　　　　启示 ……………………………………………… 174

　　第四节　对策建议 ………………………………………… 179

第十章　山东省海洋经济对外开放的研究 ……………………… 185

　　第一节　山东省积极推动海洋经济对外开放新格局的
　　　　　　背景 …………………………………………… 186

　　第二节　国外发展经验与启示 ……………………………… 188

　　第三节　山东省海洋对外开放的现状与问题 ……………… 195

　　第四节　山东省海洋对外开放的重点产业 ………………… 202

　　第五节　对策建议 …………………………………………… 207

第十一章　山东渔业产业助力乡村振兴研究 ………………… 211

　　第一节　山东省渔业现状分析 ……………………………… 212

　　第二节　日本渔村振兴经验借鉴 …………………………… 218

　　第三节　山东渔业产业对策 ………………………………… 220

参考文献 ……………………………………………………………… 222

后　记 ………………………………………………………………… 227

# 第一章 建设海洋强省——建设海洋强国的山东担当

习近平总书记指出，海洋孕育了生命、连通了世界、促进了发展。纵观人类发展史，就是一部从内陆走向海洋的历史，海洋在人类繁衍生息中扮演了越来越重要的角色。21世纪是海洋的世纪，人类进入了大规模开发利用海洋的时期，海洋在经济发展格局中的作用更加突出、地位明显上升。海洋是高质量发展战略要地。作为具有漫长海岸线、丰富港口资源和独特区位优势的沿海省份，海洋是山东实现高质量发展的优势，建设海洋强省是建设海洋强国的山东担当。

## 第一节 深刻认识海洋强省建设的重大意义

### 一 建设海洋强省承载着党中央对山东工作的殷切厚望

党的十八大以来，以习近平同志为核心的党中央高度重视海洋强国建设。习近平总书记指出，"经济强国必定是海洋强国""建设海洋强国，我一直有这样一个信念"。习近平总书记关于经略海洋的系列重要论述，是站在时代发展的前沿，对海洋强国建设作出的高瞻远瞩的谋划和部署。

山东是沿海大省和经济大省，通过"海上山东"建设和山东半岛蓝色经济区建设这些省级乃至国家级海洋发展重大战略的深入实施，山东海洋经济发展态势良好，在全国海洋版图中占据着重要地位。习近平总书记对山东在海洋强国建设中发挥的作用高度重视，对山东海洋高质量发展寄予厚望。2018年3月，习近平总书记在参加山东代表团审议时提出"海洋是高质量发展战略要地",要求山东"发挥自身优势,努力在发展海洋经济上走在前列,加快建设世界一流的海洋港口、完善的现代海洋产业体系、绿色可持续的海洋生态环境,为建设海洋强国作出山东贡献";2018 年 6 月,习近平总书记在视察山东期间提出"建设海洋强国,必须进一步关心海洋、认识海洋、经略海洋,加快海洋科技创新步伐""海洋经济、海洋科技将来是一个重要主攻方向"。①

习近平总书记海洋强国战略思想,特别是对山东海洋发展的重要讲话、重要指示精神,为山东推动海洋高质量发展指明了前进方向,提供了根本遵循。加快发展海洋经济、建设海洋强省,就是山东深入贯彻落实习近平总书记经略海洋、建设海洋强国重要指示的具体行动。

**二 建设海洋强省彰显着海洋强国建设的山东担当**

建设海洋强国是中国特色社会主义事业的重要组成部分。党的十八大作出了建设海洋强国的重大部署,党的十九大明确提出加快建设海洋强国。建设海洋强国,对推动经济持续健康发展,对实现全面建成小康社会目标、进而实现中华民族伟大复兴具有重大而深远的意义。

建设海洋强国内涵丰富,既包括海洋经济的高质量发展,又包括海洋生态环境的保护;既包括海洋科技的创新,又包括海洋权益的维护。党的十八大以来,山东注重发挥自身优势,一方面优化海洋产业结构,提高海洋经济增长质量,培育壮大海洋战略性新兴产业;另一方面科学合理开发利用海洋资源,维护海洋自然再生产能力。一方面推动海洋科技进步和创新,努力突破制约海洋经济发展和海洋生态保护的科技"瓶颈";另一方面深度融入"一带一路"建设,推动海洋国际合作。

积极融入加快建设海洋强国的战略布局,山东义不容辞,责无旁

① 王仁宏、曹昆:《习近平谈建设海洋强国》,人民网,http://politics.people.com.cn/n1/2018/0813/c1001-30225727.html.

贷。作为东部沿海大省，山东引领全国海洋开发建设风气之先。早在20世纪90年代初就提出了"以海带陆，海陆共进，加速全省经济的腾飞"的思路。1991年，"海上山东"建设作为全省战略正式进入省委、省政府决策，将其作为两个最主要的跨世纪工程之一，并明确提出2000年和2010年海洋产值的目标。通过建设"海上山东"，山东以海洋渔业为龙头，全方位、多层次综合开发的海洋产业带初步形成，实现产、学、研、管四结合，依靠科技推动海洋开发，对外开放力度不断加大，外向带动战略初见成效。进入21世纪后，山东进一步推进海陆统筹，科学开发海洋资源，培育海洋优势产业，山东半岛蓝色经济区上升为国家战略。蓝色经济区在设计之初就坚持技术引领、生态文明、开放先行的建设理念，先后开发建设了以"蓝色硅谷"为主体的海洋科技教育核心区，以"生态保护""绿色发展"为核心的长岛海洋生态文明综合试验区，以及作为对韩贸易开放平台的威海中韩自贸区地方经济合作示范区。通过山东半岛蓝色经济区建设，山东海洋经济综合实力大幅提升，海洋科技创新能力显著增强。这些山东探索、山东实践、山东经验，有力地推动了我国海洋事业的发展，这也是新时代山东建设海洋强省的丰厚滋养。走进新时代，担当新使命，山东更需要以新时代海洋强省建设的新成就，展现出海洋强国建设的山东作为、山东担当，为建设海洋强国做出山东贡献。

**三 建设海洋强省是实现山东高质量发展的战略支撑**

山东是我国经济大省和海洋大省，2019年，山东实现国内GDP7.11万亿元，按可比价格计算，比2018年增长5.5%，继续位居全国第三。海洋在山东经济版图中地位重要，2018年，山东海洋GDP1.55万亿元，占到全省的1/5以上，占到全国海洋GDP的18.6%，位列广东省之后，多年来连续居于全国第二位，其中海洋渔业、海洋生物医药、海洋盐业、海洋交通运输、海水淡化与综合利用等产业规模居于全国第一位。

但对照党中央对山东工作的新部署新安排，对照新时代全省人民的新期盼新向往，对照高质量发展的新形势新任务，山东发展不平衡、不充分、不协调、不可持续问题的亟待进一步解决，高质量发展理念还没有树牢，特别是与广东、江苏、浙江这些发展"标兵"渐行渐远，而河南、四川等来自中西部的"追兵"越追越紧，在某些领域的发展态势和发展优势已经超过山东，山东的发展犹如逆水行舟——不进则退。

海洋作为高质量发展的战略要地，为新时代山东发展提供了最大潜力、最大空间和最大动能。近年来，在经济下行压力加大、增速放缓的大背景下，海洋经济逆势而上，保持良好增长势头，海洋经济发展质量趋优，海洋新兴产业快速发展，多年来增速高于同期 GDP 增速，成为推动经济发展的重要引擎。特别是伴随着海洋科技的日新月异、海洋资源的进一步开发利用，海洋经济在经济高质量发展中的地位和作用更加突出，"智慧海洋"产业、海洋生物医药产业等海洋战略性新兴产业以及提质增效后的海洋渔业、海洋化工、海洋装备制造等传统优势产业，在山东高质量发展的进程中将会不断培育形成引领发展的支柱产业，塑造新优势，培育山东经济发展新的重要增长点和新亮点。

**四　建设海洋强省是"走在前列、全面开创"的必然要求**

在全面建成小康社会进程中走在前列，在社会主义现代化建设新征程中走在前列，全面开创新时代现代化强省建设新局面，是以习近平同志为核心的党中央交给山东的重大政治任务，擘画了山东在新时代全国一盘棋中的位置。走在前列，不仅仅是在经济发展方面走在前列，包括民主政治、生态文明、民生保障、生态环境、党的建设等各方面的建设都要走在前列，都要在新的起点上达到新的更高水平。

经过改革开放 40 多年的深入推进，山东形成了以海洋科技创新为基础，以海上航运贸易为渠道，以传统海洋产业提升为核心，以海洋新兴产业培育为重点的经济发展重要引擎，现代海洋产业体系初步建立，形成了具有较强国际竞争力的现代海洋产业集聚区，在海洋渔业、海洋生物医药、海洋交通运输等重点领域和关键环节居于全国领先地位，为实现走在全国前列打下了坚实基础。海洋强省是新时代现代化强省的应有之义。

# 第二节 充分认识新时代山东发展的最大优势和潜力

海洋是资源富集的"聚宝盆"、现代科技的"新战场"、新兴产业的"策源地"、连接五洲的"大通道"。山东省委书记刘家义在全省海洋强省建设工作会议上指出,山东要开创新时代现代化强省建设新局面,最大的潜力在海洋,最大的空间在海洋,最大的动能也在海洋(刘家义,2018)。山东要利用好最大潜力、最大空间、最大动能,谱写新时代现代化强省建设的华彩篇章。

**一 海洋资源优势:支撑经济高质量发展的新保障**

丰富的海洋资源是山东发展海洋经济、建设海洋强省的基本条件,同时是山东新时代现代化强省建设的坚实基础。山东海洋资源丰富,丰度指数居全国第一位。

从自然条件看,山东海域面积广阔,海岸线3345千米,占到全国海岸线总长的1/6以上,拥有天然港湾200余处,岛屿近600个,毗邻海域面积约15.95万平方千米,与陆域面积持平,滩涂、潮间带以及水深50米以内的海域面积约为9.7万平方千米,目前利用率不足2%,开发空间潜力巨大。

从港口资源看,山东海岸2/3以上为山地基岩港湾式海岸,建港条件优越,拥有青岛、日照、烟台三个4亿吨大港,是全国唯一拥有3个超4亿吨吞吐量大港的省份,还有东营港、威海港、滨州港、潍坊港等优良港口,除山东北部沿海部分港湾外,港湾常年不冻,对于发展港口和海上运输业极为有利。

从海洋生物资源来看,山东海域海洋生物资源具有明显的温带特征,日照充足,水质良好,适合鱼类和水生生物的生长繁殖,近海渔业资源种类繁多,海水鱼虾有250多种,藻类150余种,对虾、海参、扇贝、鲍鱼等海珍品产量在全国居首位,海珍品优势是其他沿海省区市无法比拟的。

从海洋矿产资源来看，油气、岩金等海洋矿产资源丰富，海洋石油资源分布在渤海南部，渤海湾—莱州湾海区沉积厚度大，生油条件好；海底金矿资源储量比较丰富，莱州三山岛北部海域金矿床探明的金矿资源量达470多吨，这是全国首个海上发现的金矿；海岸带潮汐能蕴藏量丰富，发展潜力巨大，黄海冷水团海流交汇，适合开展冷水鱼养殖。

从海洋文化资源来看，山东不仅拥有灿烂悠久的海洋历史文化，也拥有厚重深远的海洋军事文化；不仅拥有享誉中外的滨海旅游文化，也拥有历久弥新的海洋民俗文化。山东沿海风光秀丽，气候宜人，历史悠久，滨海旅游资源丰富。

这些都是山东建设海洋强省弥足珍贵的丰厚滋养，是山东的特色优势，是"聚宝盆"。

## 二 海洋科技优势：推动经济创新发展的新引擎

高质量的海洋开发建立在海洋科技创新基础上，海洋科技的突破又在很大程度上决定着海洋开发的方向和变化趋势，既能推动传统海洋产业的转型升级，又能推动海洋战略新兴产业的爆发式增长。山东海洋科技的重大突破，使得海洋资源开发和利用更加全面、立体，成为山东实现高质量发展的新战场。

山东拥有中国海洋大学这一以海洋和水产学科特色著称的"国字头"综合性大学，自然资源部第一海洋研究所、中科院海洋研究所、中科院烟台海岸带研究所、中国水产科学研究院黄海水产研究所、中国地质调查局青岛海洋地质研究所等国字号科研单位，山东大学、青岛大学、山东科技大学等一批高等院校设有海洋专业、学科或研究机构，海洋科教学科门类比较齐全，设备完善，拥有海洋调查船等重要资源，在海洋生物、海洋物理、海洋水产、海洋地质、海洋化学等学科具有国际影响力，造就了一大批海洋事业的领军人才、骨干力量和青年才俊；有32家省部级海洋重点实验室，承担了"十五"以来全国近一半的海洋领域"973""863"计划项目。全国唯一的海洋科学与技术国家实验室以及国家深海基地、大型综合海洋科学考察船等110个重量级国家创新平台都设在山东。以海洋科技为主题的山东半岛国家自主创新示范区建设的持续推进,青岛、烟台、威海 3 市成为国家首批海洋高技术产业基地试点城市,试点数量居全国第一位。

以科技创新为核心的全面创新取得重大进展,海洋科技集群式突破,取得了一批达到国际领先水平的海洋科技成果,智慧海洋工程建设有效推进,山东海洋科技对海洋经济的贡献率超过 65%,高于全国约 5 个百分点。

在涉海人才方面,山东有 22 名享誉国内外的两院院士,有一大批在海洋渔业、海洋科技、海工装备、海洋生物医药等领域做出卓越贡献的中青年科研骨干,人才结构梯度合理。这些高端科研平台和高层次人才是山东的宝贵财富,也是山东建设海洋强省的底气所在。

### 三 海洋产业优势:实现经济持续发展的新载体

产业是海洋发展的重要支撑。产业兴则海洋兴,海洋发展的突出成果首先展现在海洋产业的兴旺发达上。经过改革开放 40 多年来的发展,山东现代海洋产业体系初步建立,海洋产业门类齐全,海洋渔业、海洋生物医药、海洋交通运输等产业在全国占有重要地位。近年来,山东围绕海洋新旧动能转换,加快推进传统海洋产业转型升级、进一步培育重大海洋战略性产业和海洋新兴产业、充分发展海洋现代服务业。

山东滨海旅游、海洋渔业、海洋食品、船舶制造、海洋化工等传统产业,借助新技术、新管理、新模式实现提质增效,海水养殖、加工、捕捞等海洋渔业生产产业基础雄厚,全省海洋渔业增加值已连续 22 年位居全国首位,国家级海洋牧场达 32 处,占到全国总数的近40%;海洋化工迈向高端,盐化工、精细化工等产品开发实现系列化发展,形成了海洋化工循环产业链,产业规模、产量和市场占有率位居全国第一。

海洋战略性新兴产业代表着一个区域海洋经济发展的潜力和整体水平,山东立足自身产业优势,大力培育海洋装备制造、海洋工程、海洋生物医药等千亿级产业集群,在一些具有自主知识产权的关键技术方面实现突破。2018 年海洋新兴产业增加值增幅达到 22.9%,初步建成全国重要的海洋药物、海洋生物新材料、海洋功能食品研发中心和生产基地，建成了船舶修造、海洋重工、海洋石油装备制造三大海洋制造业基地（王永卫，2018）。海洋领域的产业融合，催生出分享经济、跨境电商、海洋金融等新业态，带动形成生产效率更高、交易成本更低的经济体系和生产模式。这些蓬勃发展的海洋新产业、新业态，成为山东经济发展的新动能。2014年以来，山东海洋牧场、海上旅游、钓具、游艇、体育等产业有机融合形成新业态，综合收入年均递增200%以上。

涉海现代服务业是山东海洋发展的重要空间。近年来，山东着力发展港口物流、滨海旅游、涉海金融服务产业。滨州港、东营港和潍坊港整合组建渤海湾港口集团，威海港无偿划拨青岛港，山东省港口集团整合成立，海洋运输物流业驶入发展快车道；山东先后推出"仙境海岸""黄河入海"等海洋旅游品牌；加大对海洋产业的信贷支持力度，推出海域使用权抵押、渔船抵押贷款等创新产品，拓宽涉海企业直接融资渠道；设立了国内第一支专注于国家海洋战略的山东半岛蓝色经济区产业投资基金，山东海洋现代服务业正在逐渐成为海洋高质量发展的重要支撑。

### 四 海洋开放优势：引领海洋强省之路的新高地

自古以来，海洋就是开放的象征。海洋经济是开放经济。改革开放以来，山东之所以能成为全国开放的前沿阵地，这与山东濒临大海，较早开展海洋开发利用、较早进行海洋领域对外合作息息相关。

山东积极融入"一带一路"建设。山东拥有青岛、烟台两个海上合作战略支点城市，青岛、日照两个新亚欧大陆桥主要节点城市，青岛西海岸新区上升为国家级新区，烟台东部新区、潍坊滨海新区、威海南海新区等海洋经济新区初具规模，青岛蓝谷等一大批海洋经济特色园区不断壮大，山东参与"一带一路"建设的优势突出。特别是伴随着北极航道提上日程，在"冰上丝绸之路"的布局中，山东将获得更大的区位优势。近年来，山东不断拓展海洋科技、产业、经贸、投资、人文、资源等领域务实合作，青岛中德生态园、日照国际海洋城、潍坊滨海产业园等中外合作园区建设加快，2018年，山东参与"一带一路"指数已达全国前三位。

上海合作组织青岛峰会的成功召开，为山东新时代进一步融入对外开放大格局提供了绝佳契机。2018 年 6 月至 2019 年 5 月，上合组织青岛峰会召开后一年间，山东对上合组织成员国进出口总值达1560.5 亿元，同比增长 30.9%。其中，山东对俄罗斯、印度贸易位居上合组织成员国中的前 2 位，同比分别增长 33.4% 和 26.9%。山东与上合组织成员国的经贸合作，成为山东国际合作新的增长点。

毗邻日韩，是山东的区位优势。山东与朝鲜、韩国、日本隔海相望，在经济上互补性强、发展潜力大、合作空间广阔。尽管近年来受到地缘政治因素的影响，中日韩自贸区迟迟没有落地，但山东与日韩等周边国家的交往仍十分密切。山东致力于推进东亚海洋合作平台建设，推动东亚海洋领域多层次国际务实合作。威海中韩地方经济合作示范区、中韩（烟台）产业园等特色园区建设加快推进，海洋经济开放合作展现出良好态势。

海洋兴则山东兴，海洋强则山东强。在海洋强省建设中，必须充分认识海洋在山东发展中的重要作用，真正把海洋作为高质量发展的战略要地，利用海洋优势，厚植海洋特色，才能培育经济发展新亮点，不断开创新时代山东发展的新局面。

# 第三节　山东海洋强省建设的机遇与挑战

纵观国内外发展形势，海洋在山东经济格局和战略全局中的作用将更加明显，加快发展海洋经济，既面临重大机遇，也需要应对诸多挑战。

## 一　发展的机遇

从国际角度来看，和平与发展仍是时代主题。世界多极化、经济全球化、文化多样化、社会信息化深入发展，新一轮技术革命和产业变革蓄势待发，世界产业布局、分工协作、要素组合、运行机制都发生重大而深刻的变化，为山东深化海洋经济技术国际合作，加快"走出去"开拓发展空间提供重大机遇。

从国内来看，党的十八届五中全会围绕实施海洋强国战略提出要拓展蓝色经济区，党的十九大提出了"坚持陆海统筹，加快建设海洋强国"的目标。随着"一带一路"建设的进一步走深走实，特别是"21世纪海上丝绸之路"建设加快推进，海洋强国战略的重点和方向更加明确。我国仍处在大有可为的战略机遇期，适应和引领经济发展新常态，深化供给侧结构性改革，新的增长动力正在孕育形成，对于加快推动山东海洋经济发展由要素驱动、投资驱动转向创新驱动，加速海洋产业转型升级提供重要支撑。

从山东来看，海洋经济试点的深入推进，为加快构建海洋经济科学发展的体制机制积累了丰富的经验；以海洋科技为主题的山东半岛国家自主创新示范区建设的持续推进，现代海洋产业体系初步建立，为建成具有世界先进水平的海洋科技教育人才中心，打造具有较强国际竞争力的现代海洋产业集聚区，以蓝色经济引领转型升级，建设海洋强省打下了坚实基础。当前，山东正处于加快转变经济发展方式和调整经济结构的关键时期，海洋经济发展的体制机制环境不断优化，自主创新能力不断提高，科技对海洋经济发展的支撑引领作用不断增强，国际海洋开发合作不断深化，欧美日韩等国家和地区开发利用海洋的成功经验，为山东海洋经济的发展提供了有益的借鉴。

**二 面临的挑战**

全球经济复苏依旧乏力，国际市场需求不振，国际海洋竞争更加激烈，中美贸易摩擦升级，地缘政治关系更加复杂多变，给山东海洋经济相关领域对外投资和合作建设带来诸多不确定因素。山东海洋经济传统粗放的开发模式尚未得到彻底转变，海洋经济发展布局不够合理，部分海洋产业产能过剩和高技术产业发展不足并存，海洋产业结构调整和转型升级压力较大；海洋科技创新资源整合力度不够，集成优势没有得到充分发挥，成果转化率不高，特别是近年来沿海省份海洋经济发展势头迅猛，对山东海洋人才、技术等抽离效应有所显现；海洋生态环境恶化的趋势还没有得到有效遏制，海洋环境保护和生态建设需要进一步加强；海洋灾害监测预警能力不够高，海洋防灾减灾能力仍显薄弱；海洋综合管理水平亟待提高，保障发展的体制机制需要进一步完善。对此，必须保持清醒认识，坚持目标导向和问题导向，把握好海洋经济发展的阶段性特征和趋势，谋划拓展蓝色经济区向海洋经济强省迈进的路径，确保在建设海洋强国的进程中走在前列。海洋资源开发利用方式相对粗放，部分海洋产业结构和布局不够合理，海洋经济综合效益亟待提高，产学研对接不及时、不精准、不顺畅等难题依然存在，海洋科技研发及成果转化能力不足，海洋经济核心竞争力亟待增强。

## 第四节　山东海洋强省建设的前景展望

建设海洋强国内涵丰富，既包括海洋经济的高质量发展，又包括海洋生态环境的保护；既包括海洋科技的创新，又包括海洋权益的维护。习近平总书记对山东在海洋强国建设中发挥的作用高度重视，对山东海洋高质量发展寄予厚望。走进新时代，担当新使命，山东更需要以新时代海洋强省建设的新成就，展现出海洋强国建设的山东作为、山东担当，为海洋强国建设做出山东贡献。按照《山东海洋强省建设行动方案》描绘的宏伟蓝图，山东将打造活力海洋、和谐海洋、美丽海洋、开发海洋、幸福海洋。这是山东海洋强省建设的行动方向，也是对山东海洋强省建设的明确要求。未来，山东要向海图强、全面求强，就是要实现海洋大省向海洋强省的战略性转变，在科学开发利用海洋方面走在全国前列，做好经略海洋大文章，在海洋强国建设中发挥示范引领作用。

### 一　坚持创新驱动，努力打造活力海洋

一是大力推动海洋科技创新。把创新驱动发展作为核心战略，发挥海洋科研机构和海洋科研高端人才集聚优势，以山东半岛国家自主创新示范区为载体，实施科技创新重大工程，强化重大创新平台支撑，巩固发展领先优势，持续强力推进科技创新，不断激发海洋经济高质量发展的强大内生动力，整合涉海高校、科研机构和科考平台等创新资源，积极参与国际大科学计划，全力抢占海洋科技创新制高

点，加快建立开放、协同、高效的海洋科技创新体系，畅通科技成果转化渠道，在推动优质科研成果"开花结果"上下功夫，推动海洋科技优势转化为发展优势，打造具有重要国际影响力的山东半岛海洋科技创新中心，提升山东海洋经济创新力。

二是激发体制机制活力。结合深化党政机构改革，加快推进海洋治理体系和治理能力现代化，进一步理顺涉海管理职责，完善现代海洋综合管理体系，完善海洋开发保护整体战略规划，健全海洋开发保护法律法规和规章制度，以市场化手段、法治化方法，推进海洋开发与保护有机统一，引导海洋经济向集约、绿色、持续、创新发展转变。

三是打好海洋文化牌。繁荣发展海洋文化，推动海洋文化创造性转化、创新性发展，严格保护海洋文化遗产，开展重点海域水下文化遗产调查和海洋遗址遗迹的发掘与展示，积极推进"海上丝绸之路"文化遗产专项调查和研究。积极挖掘海洋军事文化，建设海防教育基地，打造军民融合合作典范，打造高附加值的海洋文化产品，依托海洋传统文化资源，建设国家海洋文化展示集聚区和创意产业示范区，重点推进"21世纪海上丝绸之路"海洋特色文化产业带建设，积极推动海洋经济与休闲旅游融合发展，推动山东海洋文化走出去，提升海洋文化软实力。

**二 坚持陆海统筹，努力打造和谐海洋**

一是牢固树立陆海一体的现代海洋思维。摒弃过去传统的单向以陆看海、以陆定海的思维，由单纯的海洋开发向统筹海陆经济发展转变，从陆海统筹的视角认识开发、利用海洋的重要性，遵循陆海统筹的原则统筹人与海洋的和谐发展，统筹海域陆域的和谐发展，统筹海洋与社会的和谐发展，发挥海洋在整个经济和资源平衡中的作用。

二是更加强调陆海资源的互补、海陆产业的互动、海陆经济的一体化，协调匹配陆海主体功能定位、空间格局划定、开发强度管控、发展方向和管制原则设计、政策制定和制度安排，统筹陆海产业规划、陆海基础设施建设、陆海产业要素配置，做好沿海区域与内陆区域的合作交流，倡导内陆地区与沿海地区形成利益共享体，鼓励沿海地市、企业、园区到内陆地区建设蓝色经济飞地，形成陆海产业融合发展新格局。

三是更加注重发挥港口的辐射带动作用。把港口作为陆海统筹、走向世界的重要支点，推进港口发展一体化、港口装备智能化、港口业态高端化，打造一流港口群，推进港口建设与互联网、物联网、智能控制等新一代信息技术深度融合，大力发展金融保险、船舶租赁、电商服务等高端航运服务业，协同港城发展，进一步发挥港口对腹地的辐射带动作用，促进港口、产业、城市以及陆地、海洋之间联动协同发展。

**三 坚持开放合作，努力打造开放海洋**

自古以来，海洋就是开放包容的象征。人类从陆地走向海洋的过程，实质上就是从封闭走向开放的过程。进入新时代，我们要打造对外开放新高地，海洋是重要载体，海洋经济是重要抓手。

一是深度融入"一带一路"建设。突出发挥区位优势，按照中央有关政策，加强与"一带一路"沿线国家的发展战略对接，放大港口整合效应，加强"一带一路"沿线港口合作，东联日韩，西接欧亚，推进港口互联互通，建立通畅安全高效的海上运输、物流、商贸大通道，促进资金、技术、资源、人才等生产要素合理流动，带动山东制造和山东服务融入国际市场和国际经济分工格局。

二是搭建海洋合作平台。适应海洋经济发展新趋势和国际海洋合作新趋势，打造多层次、立体化海洋开放合作大平台，推动与各国和国际组织建立蓝色伙伴关系，构建海洋产业联盟，共建海洋产业园区，推进园区集群化、规模化、差异化发展，提高园区国际合作水平。利用好东亚海洋合作平台，进一步扩大合作规模，提升合作水平，打造东亚海洋经济合作的核心区域，构建具有国际竞争力的开放型海洋经济体系。

三是推进海洋国际产能合作。推动有基础、有潜力的涉海企业"走出去"，发挥自身优势，加强与有关国家和地区在海洋渔业、海洋交通运输等领域的合作，带动海产品精深加工、海洋生物医药、海工装备、物流等产业发展。

四是强化国内区域合作。自觉融入黄河流域生态保护和高质量发展国家战略，强化陆海统筹，加强与沿黄省份合作，拓展沿黄腹地发展空间，共同建设沿黄生态经济带，构建沿黄省份便捷出海大通道。加强与京津冀、长江经济带、粤港澳大湾区、东北振兴、西部大开发、雄安新区等国家战略的对接，积极融入环渤海地区合作。

**四 坚持共建共享，努力打造幸福海洋**

一是强化公众海洋意识，加大海洋知识传播的力度、深度、广度，开展形式多样的海洋知识宣传活动，推动海洋知识进校园、进社区、进企业，全面提升公众海洋素养，全面增强蓝色国土意识、经略海洋意识、陆海统筹意识、抱团向海意识、海洋环保意识和海洋安全意识，在全社会进一步营造关心海洋、认识海洋、经略海洋的浓厚氛围。

二是增加海洋领域公共产品和服务供给，加快海洋公共文化设施建设，规划建设一批海洋科普文化馆、博物馆、图书馆、展览馆等设施，在现有场馆中增加海洋科普、海洋文化等内容，同时，依托涉海机构搭建开放灵活的科普宣教共享平台，推动海洋实验室、科技馆、样品馆和科考船等向社会开放，让人民群众共享海洋发展经济成果、生态成果、文化成果。

# 第二章  山东海洋科技创新研究

在经济全球化的背景下，借助高新技术日新月异的发展应用，世界沿海各国充分利用海洋资源，加快发展海洋经济，开拓经济发展新的增长点。不断提升海洋科技创新能力，是我国新时期建设海洋强国的时代要求（刘明，2019）。

如何从世界海洋经济发展的全球视角谋划制定海洋科技发展方向，通过自主创新、加快海洋成果转化和现代海洋产业培育构建，使科技创新的引擎驱动作用得到有效发挥，从而推动海洋经济发展方式转变，多维度促进海洋经济增长的质量和效益，从技术和经济规模上对山东海洋经济形成支撑和保证。

## 第一节  海洋科技创新基础条件

### 一  海洋科技人才队伍庞大，海洋科研实力雄厚

山东作为海洋科技力量的聚集区，拥有以海洋科学与技术国家实验室为龙头的众多科研机构。山东省汇集了全国近 50% 的高层次海洋领域人才。目前拥有多家国家级涉海科研、教学事业单位和省部级涉海重点实验室，其中包括海洋科学与技术国家实验室、中国科学院海洋研究所、中国海洋大学、自然资源部第一海洋研究所等一批科研与教学机构和平台。山东承担了"十五"计划以来海洋方向将近一半的"863"计划和"973"计划，产生了一大批高质量的科研成果。2016年山东省属海洋科研机构数量为 20 家，科研机构从业人员 3532 人。山东实施了多项海洋重大科技工程，如"问海计划"和"透明海洋"

等重大工程,奠定了山东省在全国的海洋科技优势地位。以青岛海洋科学与技术试点国家实验室和国家深海基地等为代表的海洋尖端科研力量,引领山东海洋科技不断发展。青岛海洋科学与技术试点国家实验室是国内海洋领域唯一的国家实验室、世界领先的海洋科研机构,承担着重大科研任务攻关和国家大型科技基础设施研究任务。国家深海基地是我国唯一的深海基地、全球第 5 个世界级深海探测基地以及"蛟龙"号载人潜水器、"海龙"号无人缆控潜水器、"潜龙"号无人无缆潜水器的母港,承担着深海技术装备的研发试验、组织开展深海资源科考勘探等重任。近年来,山东海洋科技发展继续保持良好态势,科技实力进一步加强,2018 年国内唯一的综合性海洋设备第三方检验检测公共服务平台国家海洋设备质量检验中心在山东启用;集水下考古调查、勘探、发掘、保护、展示、研究、学术交流、人才培养于一体的国家文物局水下文化遗产保护中心北海基地启用;中科院海洋大科学研究中心获批成立,这些国家级海洋科技平台落户在山东进一步巩固了山东海洋科技创新的基础。

**二　承担国家和省级重大海洋计划项目增多,海洋科技人才队伍不断壮大**

据统计 2016 年我国的海洋科研机构的总课题数为 18139 项,其中山东省的海洋科研机构承担 1520 项课题,基础研究课题数 551 项,应用研究 433 项,试验发展 273 项,成果应用 66 项,科技服务 197 项,科研实力位居国内沿海省市前列。山东一直重视海洋科技人才的培养和引进,20 多家科研机构集聚了各学科海洋人才。近年来山东海洋科研人才队伍不断壮大,据统计 2016 年,海洋科研机构科技活动人员学历构成中山东省科技活动人员 3008 人,其中博士 970 人,硕士 872 人,本科生 755 人,大专生 248 人。按职称构成划分,3008 名科技活动人员中,高级职称 1103 人,中级职称 1224 人,初级职称 480 人,博士与硕士研究生和中高级职称科研人员都占绝对比重。

**三　海洋科技成果不断增多,科技支撑能力不断增强**

近年来,大量国家重大海洋项目在山东落户,催生出大批对海洋产业有重大拉动作用的科研成果。2004—2008 年,山东省海洋科技成果超过 400 项获市级以上科技奖励，其中获国家科学技术鼓励委员会奖励的第一完成单位在山东的有 13 项。2016 年山东海洋科研机构申请专利受理数 443 件，其中发明专利 341 件；专利授权数为 370 件，其中发明专利 208 件；拥有发明专利总数为 1071 件。据统计改革开放 40 多年来，山东自然资源系统获得省部级以上科技成果奖 361 项。海洋科技取得了丰硕成果，海洋产业发展迅速。例如山东建造出"蓝鲸 2 号"半潜式钻井平台等世界高水平海洋钻井平台；在国内率先开展了天然气水合物实验模拟研究，为我国在南海首次成功试采可燃冰提供了技术支持；具有自主知识产权的海燕－10000 水下滑翔机，最大下潜深度达到 8213 米，刷新了世界纪录，对于我国海洋仪器装备的国产化具有里程碑的意义；"蛟龙"号取得了 7000 米级海试成功，能够深潜到全球 99.8% 的海域，引领我国迈入世界载人深潜第一梯队，被授予 2017 年度国家科学技术进步一等奖。

**四　科技组织形式不断创新，涉海企业技术创新主体地位突出**

山东科技组织形式不断创新，涉海企业注重产学研一体化模式，成果转化与落地模式更加有效。

尤其是在海洋领域的产学研合作推进了企业核心能力的发展和自我更新进程的加速。其中多项技术成果得到了快速有效的推广和应用。例如，海参的养殖和技术进步，使得相关海洋养殖业跃升为当地的支柱产业，海洋科技引领效果明显。又如在海洋药物研发方面，据统计山东汇集了全国八成以上的海洋药物研究力量，将海洋多糖作为研究的关键点，在抗肿瘤、心脑血管疾病等方面取得了一大批重大创新成果。

**五　海洋科技引领作用不断增强，海洋产业结构优化**

随着山东省海洋经济进一步的发展，海洋科技进步的引领与提升作用明显增强，在海洋产业结构优化方面的引领作用日益明显。海洋科技开发对经济增长的贡献率不断提高。

山东围绕海洋关键性的技术，通过科技创新引领，以海洋高端技术、高端产品、高端产业为引领，海洋新兴产业发展步伐明显加快。在产业结构方面，山东重点发展海洋潜器装备研发、海洋船舶与新材料、海洋智能技术装备等高科技项目，重点发展生物医药、新材料、海水淡化等战略性新兴产业。通过对海洋产业结构的进一步调整，加快人才队伍的补充和建设，特别是对于传统的海洋产业进行了升级和改造，促进了海洋科技成果的应用实践，这进一步推动了科技成果转化，通过打造高校院所产业化基地的科技园（产业园）和孵化基地，为全省海洋产业结构调整提供了技术支撑。

## 第二节　山东海洋科技创新驱动能力评估及其原因分析

### 一　海洋科技创新驱动能力评估

山东海洋科技创新能否有效驱动海洋经济增长，两者间存在怎样的关系？为有效评估这一问题，本书采用如下 VAR 模型进行评估。

$$Y_t = \alpha_y + \beta_{x,1} X_{t-1} + \beta_{y,2} Y_{t-1} + \varepsilon_{y,t} \tag{2-1}$$

$$X_t = \alpha_x + \beta_{x,1} X_{t-1} + \beta_{y,2} Y_{t-1} + \varepsilon_{x,t} \tag{2-2}$$

其中，变量 $Y$ 表示山东海洋 GDP 增长率，$X$ 表示山东海洋科技创新增长率，$\alpha$、$\beta$ 为待估参数，$t$ 表示时间，$\varepsilon$ 表示白噪声。评估所用数据来源于 1996—2016 年《中国海洋统计年鉴》，具体说明如下：

（1）海洋 GDP 增长率的计算：1996—2016 年山东海洋 GDP 均按1996 年价格折算，GDP 平减指数来源于历年《中国统计年鉴》。平减后的海洋 GDP 取对数并进行差分，并以此作为山东海洋 GDP 增长率，记为 $Y$。

（2）海洋科技创新增长率计算：由于《中国海洋统计年鉴》对海洋科技的统计指标并不具有连续性，根据 1996—2016 年可以获得的连续指标，本书选择分别用海洋科技专业技术人员数和海洋科技课题数作为海洋科技创新的代理指标，分别取对数后进行差分作为海洋科技创新增长变量，记为 $X1$ 和 $X2$。

所用变量的描述性统计见表 2-1，变化趋势见图 2-1。

| 表 2 - 1 | 基本变量的描述统计 | | | | |
|---|---|---|---|---|---|
| 变量 | 均值 | 方差 | 最小值 | 中位数 | 最大值 |
| 山东海洋 GDP（Y）（%） | 0.150 | 0.100 | - 0.0100 | 0.140 | 0.380 |
| 山东海洋科技专业<br>技术人员数（X1）（人） | 0.0100 | 0.0700 | - 0.110 | 0.0200 | 0.150 |
| 山东海洋科技<br>课题数（X2）（项） | 0.0500 | 0.100 | - 0.180 | 0.0800 | 0.200 |

注：表中 X 为海洋科创新增长率，由于缺少直接的原始数据，文中分别用海洋科技专业技术人员数（X1），和海洋科技课题数（X2）代替。

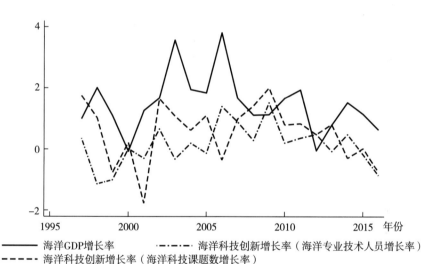

海洋GDP增长率　　　···-···-··· 海洋科技创新增长率（海洋专业技术人员增长率）

- - - - - 海洋科技创新增长率（海洋科技课题数增长率）

**图 2 - 1　1996—2016 年山东海洋 GDP、海洋科技创新**
**指标增长率变化趋势**

（一）单位根检验

因为只有平稳序列才能应用 VAR 模型进行评估，所以首先检验评估变量的平稳性。对变量进行 DF 检验，结果见表 2 - 2。变量 Y、X1 和 X2 的 ADF 统计量 $z(t)$ 均在 1% 水平上显著拒绝存在单位根的原假设，即可认为变量 Y、X1 和 X2 均是平稳序列，可以进行 VAR 评估。

表 2 - 2 DF 检验结果

|  | $z(t)$ | 1% 的临界值 | 5% 的临界值 | 10% 的临界值 | $p$ |
|---|---|---|---|---|---|
| $Y$ | -3.2 | -2.567 | -1.74 | -1.333 | 0.0026 |
| $X1$ | -3 | -2.567 | -1.74 | -1.333 | 0.004 |
| $X2$ | -3.755 | -2.567 | -1.74 | -1.333 | 0.0008 |

（二）模型阶数的确定与 VAR 稳定性检验

根据信息准则确定 VAR 模型的阶数。以专业技术人员人数的增长率（$X1$）作为代理海洋科技创新增长时，LR、FPE、AIC、HQIC 准则均显示需滞后 3 阶，因此选定模型滞后 3 阶。所有特征值均位于单位圆之内（见图 2 - 2），所以评估的 VAR 系统是稳定的（见表 2 - 3、表 2 - 4）。

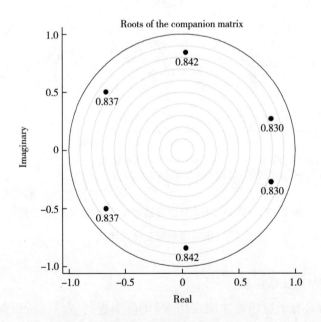

图 2 - 2 VAR 系统稳定性判别（$X1$）

以海洋科技课题数增长率（$X2$）作为代理海洋科技创新增长指标时，AIC 准则均显示需滞后 1 阶，因此选定模型滞后 1 阶。所有特征值位于单位圆之内，评估具有稳定性，评估结果见图 2 - 3。

表 2 - 3                          VAR 评估结果（1）

| 变量 | （1） | （2） |
|---|---|---|
| | D_ lny | D_ lnx1 |
| LD. ln y | 0. 309 | 0. 231 *** |
| | （0. 217） | （0. 0728） |
| L2D. ln y | - 0. 161 | - 0. 205 *** |
| | （0. 219） | （0. 0736） |
| L3D. ln y | 0. 245 | 0. 489 *** |
| | （0. 214） | （0. 0718） |
| LD. ln x1 | 0. 400 | - 0. 0150 |
| | （0. 357） | （0. 120） |
| L2D. ln x1 | 0. 0362 | 0. 0530 |
| | （0. 313） | （0. 105） |
| L3D. ln x1 | - 0. 631 ** | 0. 139 |
| | （0. 312） | （0. 105） |
| Constant | 0. 0920 * | - 0. 0552 *** |
| | （0. 0537） | （0. 0180） |
| Observations | 17 | 17 |

注：表中 D 表示差分，L 为滞后算子，括号内为标准差，$*** $表示$p < 0.01$，$** $表示$p < 0.05$，$* $表示$p < 0.1$。

表 2 - 4                          VAR 评估结果（2）

| 变量 | （1） | （2） |
|---|---|---|
| | D_ lny | D_ lnx1 |
| LD. ln y | 0. 232 | 0. 238 |
| | （0. 210） | （0. 216） |
| LD. ln x2 | 0. 382 * | 0. 0856 |
| | （0. 217） | （0. 223） |
| Constant | 0. 0924 ** | 0. 00642 |
| | （0. 0399） | （0. 0411） |

续表

| 变量 | （1） | （2） |
|---|---|---|
| | D_ lny | D_ lnx1 |
| Observations | 19 | 19 |

注：表中 D 表示差分，L 为滞后算子，括号内为标准差，＊＊＊表示 $p < 0.01$，＊＊表示 $p < 0.05$，＊表示 $p < 0.1$。

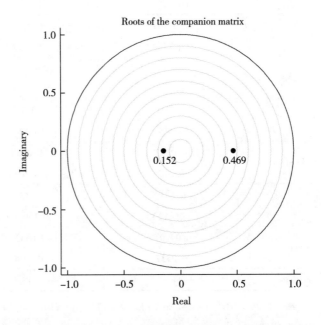

图 2 - 3　VAR 系统稳定性判别图（X2）

（三）格兰杰因果检验

由表 2 - 5 可以看出，在海洋经济 GDP 增长率与海洋科技专业技术人员增长率两者格兰杰因果关系检验中，海洋经济增长有效驱动了海洋科技专业技术人员的增长（表 2 - 5 中第二行显示 $P$ 值为 0.000，显著拒绝 $\beta_{y,2} = 0$ 的原假设）；而海洋科技专业技术人员的增长并未有效驱动海洋经济的增长（表 2 - 5 中第一行显示 $P = 0.210$，无法拒绝 $\beta_{x,1} = 0$ 的原假设）。在海洋经济 GDP 增长率与海洋科技课题数增长率两者格兰杰因果检验中，海洋经济增长并不是海洋科技课题数增长的显著原因（表2–5中第四行显示 $P$ 值为 0.342，不能拒绝 $\beta_{y,2}=0$ 原假设）；而海洋科技课题数也不是海洋经济增长的格兰杰原因（表2–5中第三行显示 $P=0.190$，无法拒绝 $\beta_{x,1}=0$ 原假设）。

表2–5　　　　　　　　　　格兰杰因果关系检验

| 被解释变量 | 解释变量 | 卡方值 | 自由度 | $P$ 值 | 结论 |
|---|---|---|---|---|---|
| $Y$ | $X1$ | 4.5205 | 3 | 0.210 | $X1$ 不是 $Y$ 的格兰杰原因 |
| $X1$ | $Y$ | 52.284 | 3 | 0.000 | $Y$ 是 $X1$ 的格兰杰原因 |
| $Y$ | $X2$ | 7.7042 | 2 | 0.190 | $Y$ 不是 $X2$ 的格兰杰原因 |
| $X2$ | $Y$ | 2.1463 | 2 | 0.342 | $X2$ 不是 $Y$ 的格兰杰原因 |

为了进一步明确海洋科技专业技术人员与海洋科技课题增长之间的关系（见表2–6），对两者进行格兰杰因果检验并作出脉冲图（见图2–4）。结果显示海洋科技专业人员增长与海洋课题数的增长互为显著格兰杰原因，两者之间关系比较紧密。从脉冲图中可以看出来自海洋专业技术人员增长的冲击可以持续促进海洋科技课题数量的增长；反之，海洋科技课题数的不断扩大也激励更多的专业技术人员从事海洋科技研究。

表2–6　海洋科技专业技术人员与海洋科技课题增长因果关系检验

| 被解释变量 | 解释变量 | 卡方值 | 自由度 | $P$ 值 | 结论 |
|---|---|---|---|---|---|
| $X1$ | $X2$ | 36.069 | 4 | 0.021 | $X2$ 不是 $X1$ 的格兰杰原因 |
| $X2$ | $X1$ | 28.443 | 4 | 0.000 | $X1$ 是 $X2$ 的格兰杰原因 |

（四）实证结果分析

通过 VAR 实证评估，以 1996—2016 年山东海洋经济与海洋科技数据为样本，结果表明：山东海洋科技创新不是海洋经济增长的显著驱动因素。海洋经济的增长有效促进了海洋科技专业技术人员规模的增长；进而增加的科技人员数有力带动了海洋科技课题数量的增长。尽管海洋专业技术人员与海洋课题数增长之间具有显著促进关系，但是海洋经济增长与海洋课题数增长之间联系不显著。即当前海洋科技成果与海洋经济发展联系不够紧密，不能有效支撑海洋经济的增长。

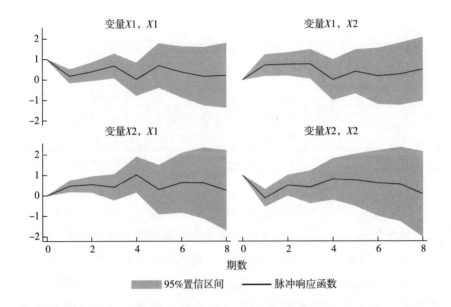

**图2-4　海洋科技专业技术人员数与海洋科技课题数脉冲响应图**

## 二　制约海洋科技创新驱动能力的原因分析

山东海洋科技资源丰富且集中，具有较强的海洋科技创新能力，但是与国外发达海洋地区以及我国发达海洋省份相比，海洋科技成果转化率并不高，大部分科技创新成果处于研究或试验阶段，不能进行产业化，无法真正进入海洋经济系统。深层次的原因是海洋科技成果创新能力不能支撑科技成果的有效转化，二者之间尚未形成良性互动机制。下面分析制约山东海洋科技创新驱动能力的主要原因。

（一）科技创新源头动力不足，研究成果熟化度低

1. 企业界和科研部门在研发过程中的分离，影响科技成果转化率

科技中介服务能力和专业化水平偏低，缺乏竞争力，难以满足科技成果转化和高新技术产业发展。科研群体发展滞后，致使企业和高校、研究院所间缺乏有效沟通渠道，造成科技资源的巨大浪费。同

时，部分海洋科技研发选题脱离社会经济发展急需解决的重大问题，导致科研成果难以转化，科研价值无法转化为经济价值。

2. 科技创新与成果转化的激励机制有待完善创新

随着制度创新与改革的深入，技术要素在价值分配中所占比重不断加大，有效激发了科研人员的科技创新积极性，但分配制度有待进一步创新。此外，在产学研合作中各方之间的利益关系难以有效协调，各方对技术价值经常存在不同的认识，随着合作项目的深入进行，利益或风险不断增大，致使出现分歧，合作难以进行。

3. 科技成果的评价机制有待改进

长期以来，科技成果的"价值"单纯以国家经费多少、发表论文数量、参与者学术地位高低、所获奖励级别和数量来确定，从而导致科技人员更加关心是否得到上级认可、是否有利于职称晋升等方面，反而忽视了科研成果是否实现价值转化。偏颇的评价体系忽略了"市场价值"，结果导致科研成果与实际需要脱节，科技成果的有效供给不足，成为制约海洋科技成果产业化的重要障碍之一。

4. 研究投入不足，研究成果熟化度较低，难以在生产中发挥作用

科技成果成功实现产业化需要经历研发、中试再到产业化的一系列过程，所需资金呈几何级数增加。不敢投入、无力投入、投入不足一直是困扰海洋科技成果转化的突出问题。目前由于科研院所科研经费不足，缺乏中试条件和生产基础，绝大部分科研成果只能停留在实验室小规模试验阶段，成熟度低，因此阻碍了海洋科技成果向生产力的转化。

(二) 专业人才结构不合理，服务质量不高

1. 海洋科技人才结构不合理、"工程化"能力偏低

海洋科技人才资源丰富，但结构严重不合理。主要表现为多数高级人才集中于海洋生物、海洋水产、海洋物理、海洋化学、海洋地质、海洋水文等海洋基础学科领域，海洋仪器仪表、海洋装备制造、海水淡化等海洋应用领域的人才相对缺乏；应用型"工程化"能力不足，其科技成果多是理论性成果和中试成果，"工程化"的科技成果较少。同时在空间分布上主要集中在海洋类大专院校、科研院所，产

业化经验不足，通常单纯进行技术转让；作为技术成果持有人的科技人员与科技成果产业化的主体企业相分离，导致海洋科技成果供给难以满足海洋科技发展的需求（孙晓春等，2016）。目前严重缺乏既懂海洋科学专业技术知识，又懂经济规律、商业化运作和企业管理知识，同时具备良好心理素质和竞争意识的复合型海洋科技人才。

2. 信息管理人员专业素质偏低、服务质量不高

由于海洋科技成果本身形式并不适合传播，因此有资格的信息技术人员在成果的扩散及应用中发挥着重要的作用。当前海洋技术经纪人队伍的培育尚处起步阶段，缺乏管理机制，中介人员素质较低（韩立民，2016）。中介人员除了具备相关的专业知识外，还应具备市场知识、法律知识、综合分析能力等方面。然而当前存在的很多海洋科技中介机构专业化、职业化程度不高，缺乏专业技术人才。有些海洋科技中介服务机构成立时缺乏明确的主业和方向，使从业人员的学历结构、职称结构偏低，获得有关执业资格的人员比较少，专业技术人才和经营人才严重缺乏，难以开展高质量的服务；机构的独立性和人员的职业化水平也不够，很多科技中介组织没有独立法人地位，依附在协（工）会、学会或单位内，如科技评估、一些科技咨询和技术服务部等，使这些组织缺乏自身的发展动力和能力。

（三）涉海企业缺乏创新主体意识，科技研发与吸收能力不强

1. 涉海企业管理行为短期化，缺少促进成果转化的动力

由于受传统经济增长方式的影响，企业在资金使用上重视扩大产量和规模的外延式扩大再生产，以科技进步为主的内涵式扩大再生产还没有成为企业发展战略的主流。同时山东省涉海企业大部分仍实行经济责任制，一般为2—3年；加之考核管理决策者的重点是任职期内的成绩。这使得企业管理决策者注重行为的短期效应，在任职期内，不注重长期投入，对吸收科技成果往往采取"现实"、"功利"的做法。

2. 涉海企业对科研成果的吸收和产业化能力不强

受人才、资金及配套技术等因素影响，涉海企业对引进的高新科技成果难以进行二次开发以及后续技术的改进。这种状况严重影响了

企业对高新技术成果的吸纳、应用和产业化。另外,部分涉海企业由于经济实力有限,研究发展所必须配套的设备、设施不足,研发人才缺乏,致使企业依靠科技进步的实力不足。

3. 涉海企业自主创新能力总体水平偏低,高科技海洋产业发展乏力

涉海企业自主创新能力总体水平偏低。主要表现在关键技术自给率偏低,一些重点海洋产业的核心技术与国外先进水平相比仍有较大差距,海洋生物医药、海水资源开发利用等一些领域的关键技术仍处于落后乃至空白状态,对外技术依存度较高,海洋产业结构亟待优化。

(四) 海洋科技平台共享性不强,整体效率偏低

山东省海洋科技建设经过十几年的发展,取得了显著成绩,但是面对海洋经济换挡,新旧动能转换、经济共享化的新挑战,海洋科技在运行质量与效率上有所欠缺,滞后于新常态海洋经济发展的需要。主要存在以下问题:

1. 海洋科技创新服务平台有待于进一步推广

综合来看,海洋科技建设仍以科技基础条件的整合与共享为主要内容,海洋科技创新服务平台有待于进一步推广。科技平台缺乏面向需求的服务意识,没有建立与用户的有效沟通机制,致使科技资源质量不高、应用共享性不强,无法形成资源共享体系,无效存量过剩、有效流量不足。

2. 科技平台的技术支撑体系不完善

科技资源的数字化、信息化整合与实际匹配不上,致使现有的海洋科技信息片面化。技术上与信息上的缺陷,阻碍了科技服务平台的沟通与业务合作。

3. 科技平台间的融合共享无法实现

缺乏国内中央与地方平台的纵向协调机制,以及国内与国外海洋科技的纵向互动机制。海洋科技的宣传力度不够,缺乏大型仪器设备共享机制,设备共享利用率低,出现资源的闲置与浪费。

4. 海洋科技管理体制不健全

首先，缺乏稳定的财政维护制度。尤其是对于特殊海洋微生物资源平台，单纯依靠"以用为主，开放服务"的原则，无法保证平台运行维护的日常经费。其次，片面的科技考核绩效机制也是阻碍平台质量提升的重要问题。对于特殊性、基础性、创新性等具有不同特点的海洋科技，应采取差别化绩效考核机制。而且目前出现考核过于频繁，导致考核后经费补贴滞后，严重影响科技平台正常运营的连贯性和计划性。

（五）缺少市场化的海洋创新服务体系

1. 政策导向不恰当、缺乏制度创新

海洋科技成果创新及其转化的外部环境很重要，其中政府对企业及产品市场的政策导向尤为关键。计划经济时期政府管理过于死板，科研院所缺乏自主权；市场经济时期政府管理又过于放任，缺乏制度创新。如受传统的计划经济体制下资源调节和分配的影响，政府在风险投资市场的建立上支持不够，致使风险投资市场发育不全，涉海企业难以争取到科技成果转化充足的资金和物力资源；同时现代企业制度的产权制度以及知识产权制度的不完善，也从根本上抑制了企业家的创新活动。海洋科技创新和成果转化的创新主体各自归属不同主管部门，各自运行机制互不相同，各部门在推进科技成果产业化的同时，又竭力保护自己所属单位的利益，从而影响了政府在科技成果创新及其转化中的宏观调控能力。

2. 相关法律法规建设不配套、有待进一步完善

国外发达国家几乎都是通过立法、政策导向来推动科技成果创新及其转移和转化。我国海洋科技立法工作尚处于初级阶段，虽然出台了许多政策，但只是粗线条的，缺乏相应的配套实施细则，相关政策还不够完善，政出多门，条文繁多，可操作性差，成为制约科技成果转化的重要因素。如诸多政策中少有鼓励海洋科技中介机构发展的政策；到目前为止，还没有一部能够全面规范海洋科技中介机构成立、发展及开展业务等行为的完整法规；对海洋科技专利的保护、归属问题重视不够，相关的法律与制度不健全。此外，由于科技成果具有无

形资产的独特性，其价值难以准确地确定，操作时又缺乏对海洋科技成果价值的科学评估标准和原则，且合作中还牵涉许多具体问题，造成供需双方在价格和利益分配上的分歧，导致成果转化过程漫长，甚至失败。

3. 海洋科技创新融资渠道单一

风险投资和私募股权投资发展相对滞后。海洋科技成果转化缺乏稳定的资金来源和经济支撑，项目资金来源渠道单一，主要来自企业的自有资金，政府的统筹协调作用发挥不够充分，风险投资和私募股权投资发展相对滞后。没有形成满足海洋经济发展及海洋科技创新需要的风险投资和融资机制。目前山东省设立的各类创业基金、风险投资资金等，由于受到传统管理观念的束缚，依然带有很强的信贷性质，多数按照"借钱还债"的经营模式进行投资活动。目前的风投业务投资主体相对单一，产业以制造业为主、海洋科技及海洋高科技产业由于投资大、风险高而不占优势。

# 第三节 提高山东海洋科技创新能力的对策建议

## 一 强化海洋科技创新的政策引导，营造有利的制度环境

（一）有利于海洋科技创新的法律法规体系的建立

充分利用山东及青岛市的地方人大立法权，依托青岛、威海和烟台等国家海洋经济创新发展示范城市建设，抓紧制定《山东海洋科技创新城市建设促进条例》《国家科技兴海产业示范基地建设条例》《海洋科技创新园区管理条例》《海洋科技创新企业管理规定》等地方涉海科技创新法规，将保护海洋科技创新的政策措施制度化和规范化。

推动制定《海洋科技创新成果转化条例》《海洋科技创新基金管理条例》《涉海科技创新产品采购条例》《涉海风险投资管理条例》等一批推动涉海科技创新法律法规，为建设海洋科技强省提供科学的

规制保障。

（二）建立促进海洋科技创新的财政扶持政策

建立政府财政海洋科技创新投入稳定增长机制，把海洋科技投入作为全省及沿海地市年度财政预算保障重点，以提高财政海洋科技支出占财政总支出的比重以及海洋 R&D 经费占 GDP 的比重两个指标作为全省及沿海地市的年度科技创新考核指标，鼓励和引导沿海地方政府实质性增加对海洋科技创新的财政投入。省、市两级财政海洋科技创新经费的增长幅度不低于前一年财政一般收入增长幅度，涉海财政科技经费占本级财政一般性收入的比重不低于2%。

建立竞争性经费投入机制，创新财政海洋科技投入资助方式，推行投资引导、研发贴息、风险补偿、奖励等多种形式的海洋科技创新资助制度改革。争取国家及省市财政支持，设立省市两级海洋科技创新重大专项基金和海洋科技创新成果转化专项引导基金，加强地方财政资金对海洋科技创新成果与涉海创新企业的资金支持。优化政府财政海洋科技创新投入结构，重点扶持与地方海洋重点产业发展相关的技术和装备开发、海洋科研成果转化等，形成以企业为扶持主体的海洋科技创新财政扶持政策体系。

（三）建立有利于海洋科技创新的政府采购与评价制度

围绕山东海洋强省建设重大战略需求和政府采购实际需求，加大涉海科技创新产品和服务的采购力度。进一步完善配套政策，制定海洋自主创新产品的认定标准，制定《政府采购涉海自主创新产品与服务名录》，引导各级政府优先采购列入目录的涉海产品与服务。建立完善涉海自主创新产品政府订购制度，对于重大涉海创新产品或技术，通过政府招标方式，面向全社会订购海洋科技创新产品与研发服务。建立市场化的海洋科技创新产品与服务采购制度，形成高效完善的政府采购市场竞争机制。

完善高层次、常态化的海洋科技创新对话和咨询制度，让更多的海洋科学家、涉海技术人员、企业家、风险投资家，海洋经济、海洋管理专家参与全省海洋科技创新规划、政策以及海洋科技创新项目的决策。构建透明的海洋科技资源管理和项目第三方评价机制，更加注重海洋科技创新成果的质量和产业化前景，制定科学的海洋科技创新评价方法和标准。

（四）强化海洋科技创新产品的知识产权保护制度

充分发挥市场对海洋科技创新知识产权资源配置的导向作用，通过扶持引导、购买服务、制定标准等，支持涉海行业协会和海洋专业服务咨询机构等社会力量参与涉海知识产权管理。研究移动互联网和大数据时代下的海洋知识产权保护机制，构建基于移动互联网的海洋知识产权侵权监测与预警平台，为涉海企业提供知识产权服务。探索知识产权证券化，推动海洋科技创新产品知识产权的资本化管理，引导海洋科技创新主体把海洋知识产权作为重要的创新资产进行财务处置。

制定海洋科技专利专项扶持政策，引导海洋科技创新主体申请涉海创新型专利及国际海洋专利，提升海洋科技创新产品的知识产权保护力度和质量水平。建立省市两级涉海创新型专利奖励制度，对实现产业转化的涉海创新专利实施重奖。加强省市海洋知识产权统计分析，完善地方海洋知识产权考核指标，提高涉海企业对知识产权保护的重视度。加强对重点海洋产业和战略性新兴海洋产业的知识产权分析及预警，完善海洋知识产权公共服务平台。建立海洋专利申请优先审查通道，为省级海洋特色产业园区和省市重点涉海企业提供知识产权定制服务。

**二　突出海洋科技创新资本市场，提升要素市场保障能力**

（一）建立海洋科技创新资本市场

支持涉海企业上市融资和市场化并购。充分利用国家"科技创新板"市场，结合海洋强省建设重大工程，建立海工装备及海洋仪器仪表等战略性海洋新兴产业领域的涉海创新型小微企业在创业板上市。推动战略性海洋新兴产业的培育等海洋科技创新项目投资，完善政策环境，吸引涉海科技融资中介服务机构，支持海洋科技融资专业人才队伍建设，引进和培养海洋科技资本市场高层次人才，提升海洋科技融资市场服务水平。

（二）大力发展海洋科技风险投资

建立完善涉海风险投资机制，加快推进全省海洋科技风险投资体系建设。建立海洋科技创新投资和成果转化引导基金，通过多种形式的投资主体参与海洋科技创新投资。依托鲁信现代海洋产业基金等政府涉海产业基金，建立完善全省战略性海洋新兴产业投资引导风险资本市场，鼓励和引导社会资金投向符合海洋强省建设的重点海洋产业领域，支持纳入全省重点海洋产业名录的涉海新产品、新技术研发和成果转化。充分利用科技创业板市场，建立海洋风险资本投资退出机制，提高相关海洋风险资金的投资效率。

依托山东海洋投资公司等政府投资机构，设立市场化运作的海洋科技创新风险补偿基金，探索风险补偿股权投资模式，对海洋科技创新项目研发、创新成果转化及产品开发过程中发生的风险损失进行适度补偿。对经认定的高新技术产品或通过省级以上鉴定的海洋科技新产品、新技术，实行风险投资补偿机制，按照投资规模和风险大小进行政策补贴。创新政策扶持机制，建设海洋科技创新领域和关键产业链环节的风险投资保险保障机制，吸引更多的社会资本参与海洋科技创新风险投资。

（三）提升海洋科技的信贷融资水平

探索设立金融机构贷款的政府补贴机制，促进地方商业银行加大对战略性海洋新兴产业和海洋高新技术企业自主创新项目的信贷支持。促进商业银行开展涉海金融业务创新，建立适合海洋科技创新项目需求的信贷制度和工作流程，完善涉海科技创新资金的整合与配置，提高信贷资金利用效率。形成"企业有保障，银行有收益，政府有绩效"的风险化解机制。

强化涉海金融机构建设，引进和培育发展"蓝色银行"。引进知名的金融机构，有效降低地方企业的融资成本。积极推动海洋投资银行建设，创新资金募集和企业合作机制，建立适应海洋投资信贷属性的专业投资银行机构。搭建完善海洋信贷共享信息平台，完善涉海小微企业的信用记录和信贷风险规避机制，建立涉海中小企业信贷专业服务机构，全面提升海洋科技信贷融资保障能力。

（四）培育海洋科技信息服务能力

建立政策扶持机制，打破现有的体制机制障碍，建立海洋科技创新信息开放网络。设置海洋科技创新的信息共享基金，扶持推动海洋科技创新信息共享平台和交流网络体系建设，在国家政策允许的范围内，建立产学研共享的海洋科技创新信息数据库，由政府财政出资，对符合海洋科技创新导向的企业奖励。

引导涉海企业和科研机构开展海洋科技大数据服务。在省市科技创新专项及政策扶持资金中设立海洋科技大数据产品专项，重点鼓励涉及全省海洋新旧动能转换、重点涉海项目建设及新兴产业培育的海洋科技大数据服务产品开发，为涉海企业科技创新和新产品开发提供高效及时的信息服务平台。

**三　明确海洋科技创新产业导向，打造促进创新的产业载体**

（一）完善海洋科技创新的产业导向机制

积极发挥海洋相关政策调控作用，明确产业发展导向，为海洋产业发展提供科技创新支撑。围绕海洋强省建设确定重点产业领域和关键环节，确定省市海洋科技攻关定位和科技创新基金投入，制定全省海洋科技创新的重点扶持领域和重大项目建设行动计划，形成以国家海洋科技创新示范城市、海洋高新技术产业基地、省市海洋特色产业园区及海洋科技创新龙头企业等为载体的海洋产业创新网络，为传统海洋产业改造提供技术支持。

加大对重点海洋产业及龙头企业的科技成果转化与人才引进扶持力度，对涉及海洋强省建设的重点行业领域的核心技术研发和成果转化进行专项补贴，特别是制约海洋新兴产业壮大和未来海洋产业突破的核心技术成果予以重点扶持，并建立相应的科技创新项目与政策激励机制，包括信息服务、专业咨询、资金投放、人才引进及土地、海域空间利用等给予全方位扶持，以加快推动海洋科技创新的市场化发展。建立针对重点科研/专利成果发明人或重点小微初创企业的风险投资或政府种子基金，建立可操作的长期、连续和高强度的市场化扶持模式。对进入产业化发展后期，但中试或市场化尚未成功的科研成果进行一定的补贴，以鼓励企业与科研人员推动成果转化的积极性。

（二）创新海洋科技创新产业合作机制

鼓励制定优惠的海洋科技创新政策，鼓励重点海洋产业领域创新产权激励模式，提高重点海洋产业企业对创新人员及创新成果的奖励力度。全面放开科研人员制度束缚，建立产研学机构间人才双向流动机制，加强人才的交流互动。强化产学研合作模式创新，建立多种形式的产学研合作机制和合作平台，引导产学研机构从"点对点"的短期、临时性项目合作转向系统性、长期的战略性合作。

鼓励企业与高校、科研机构联合设立研发中心和技术成果转化基地，开展人才培养、科技攻关、技术创新、成果转化等多层次的合作。推动海洋高新技术园区、大学创新园区及城市的融合发展，创新海洋科技攻关与技术转移机制，推动涉海科研创新平台资源的开放共享。强化企业重点实验室、技术研发中心、院士/博士后工作站等海洋科技创新平台建设，建立健全涉海产学研科技创新资源和信息共享机制，形成完善的涉海产学研合作体系。

（三）海洋科技创新基地建设的科学布局

明确不同地市的海洋科技创新定位，建设海洋产业创新的集聚区，同时积极争取国家与省市政策支持，建立不同等级层次的海洋科技创新基地和产业化发展示范基地，包括现代海工装备、海洋生物医药、海洋新能源、海水淡化利用以及海洋新材料等海洋科技创新产业基地。

（四）强化海洋科技创新产业载体建设

强化企业的创新主体地位，扶持涉海重点和龙头企业自主决策、先行投入，开展重大涉海技术研发攻关，鼓励龙头企业组建创新战略联盟。鼓励引导重点企业建立技术研发中心和联合创新平台，加大对关键技术和重点产品的创新投入力度。将涉海企业技术中心或研发平台纳入省市科技创新基金扶持名录。探索建立企业化运作的重大海洋科技攻关项目研发机制，围绕行业市场和企业产品开发需要，设定省市海洋科技创新基金项目支持重点领域，并建立重大科技攻关基金立项向企业倾斜的评审机制。引导企业与政府合作，建立联合创新基金，通过公开招标及定向委托的机制，为企业技术攻关和产品研发提供科技创新支持。强化政府服务意识，成立专门协调机构，积极帮助涉海中小企业解决在生产经营中遇到的技术难题，为涉海企业发展壮大提供全方位的科技专业服务。

**四　优化海洋科技创新服务体系，搭建鼓励创新的平台网络**

（一）优化海洋科技创新体系顶层设计

着力优化海洋综合创新生态体系，构建多要素联动、多领域协同的海洋协同创新网络。推动创新向海洋技术、产业、金融、管理、商业模式等综合创新转变，形成对内可持续，对外可辐射的资源集聚效应。进一步完善海洋科技创新公共服务体系，不断推出新的服务产品，提高公共服务效率，推动创新型城市建设。加强省、市、区联动和部门协同，建立省海洋科技创新指导委员会，协调海洋科技创新的激励机制与政策。

（二）建设海洋科技重大创新平台

围绕国家大科学计划和大科学工程，开展海洋生物资源利用、深海矿产资源开发、深远海资源探测、重大装备技术创新与新材料研发等重大创新引导工程，加快建设一批符合国家重大科技创新规划布局，具备国际先进水平的海洋科技基础设施。加快引进海洋领域国家工程实验室、工程技术中心等，加快建设一批创新能力强的新型海洋科研机构，培育一批大型涉海企业技术中心和国家海洋工程中心，打造一批涉海公共技术服务平台，共享技术创新资源。积极承担和参与国家海洋科技重大专项，组织实施若干重大海洋科技攻关计划，开展海洋产业共性技术和关键技术的研究与应用示范。支持国家海洋大数据中心、国家海洋基因库、国家海洋活性物质库、国家级海洋渔业生物种质资源库等基础设施建设。在海洋工程等领域的重大科技创新设施，新建一批国家和省级企业海洋工程技术中心等技术创新平台，完善全省海洋科技创新平台网络。

（三）建立多层次涉海产学研合作平台

加快发展新型海洋科研机构，鼓励各类涉海主体创办海洋科技创新机构。健全现代产学研合作机制，探索实行联合理事会制度。鼓励企业建立技术创新平台或研发基地，支持涉海企业科技创新平台承担国家、省、市海洋科技攻关项目。推动海洋产业标准联盟建设,支持涉海企业将核心专利技术融入国际标准和联盟标准,实现创新价值最大化。支持国内央企、跨国公司和民营骨干企业设立自主研发机构,与地方海洋科技研发机构及地方涉海企业开展涉海共性技术、关键核心技术协同创新。

加快推进企业海洋产业技术创新战略联盟建设,以涉海龙头企业为主体,以战略性海洋新兴产业领域为重点,建设一批省、市海洋产业技术创新战略联盟,促进形成海洋产业技术创新链。

(四)促进海洋科技成果转化平台的建设

促进科技创新转换平台的建设,搭建以青岛海洋技术交易市场、烟台海洋产权交易市场等为核心的海洋科技成果转化平台网络。创新海洋产权交易与海洋技术成果转移管理机制,完善相关规章制度和法律体系建设。建立融合技术研发、产品制造和市场营销等多个价值环节的高效服务保障系统。支持国际海洋技术转移机构落户青岛,吸引海洋高端项目和技术转移专业人才向青岛流动,支持青岛国家技术转移中心建设。支持山东大学、中国海洋大学、中国石油大学等重点涉海高校和国字号海洋科研机构建立海洋技术转移专门机构,完善海洋科技成果转化机制,推动财政性资金形成的科技成果转化进程。

深化省属地方海洋科研机构改革,加快培育海洋技术咨询、技术转让、无形资产评估、知识产权代理等海洋科技服务中介机构,加快发展涉海金融、会计、法律、资产评估、技术服务、信息咨询等现代海洋服务业。建立海洋科技创新成果评价制度,建立一套简单可行的评估机制,对省内海洋科技创新机构的科研成果及相关专利进行商业化转化可行性评估,以快速评估并筛选产业化转化潜力大的科研成果。

五 突出海洋科技人才队伍建设,夯实推动创新的人才基础

(一)优化海洋人才发展环境

加大海洋人才发展基金建设,科学配置政府人才扶持资金,重点用于人才培养和支持人才发展计划。针对培养、引进、使用、留住人才的各个环节,进行适度的行政干预和经济补贴,用丰厚的待遇、优

越的条件、良好的环境增强对海洋科技人才的吸引集聚能力。在保险福利、津贴补助、工资待遇、项目经费、住房保障、职称评定等方面制定各项优惠政策和措施，给予优秀人才诸多优厚待遇，妥善解决配偶安置、子女入学入托、医疗保障、户口落户、住房等实际困难，使其无后顾之忧。建立科学、合理、公平的动态薪酬福利管理机制，完善科技人员收入分配政策，发挥薪酬激励导向作用。

着力培育健康的海洋学术交流环境，加强对各类涉海学术交流活动的支持，营造良好的学术氛围。建立充满活力的人才流动环境，打破单位所有制限制，简化涉海人才流动手续，健全双向选择机制，促进人才合理流动。

（二）加强海洋科技人才的交流与合作

吸引跨国企业在山东设立海洋科技研发机构和中介服务机构，鼓励有实力和技术优势的涉海企业"走出去"，在国外设立海外科技园、科技孵化器等科技创新平台。加强与国外海洋技术转移机构的交流与合作，开展跨国技术引进和转让服务。依托东亚海洋合作平台等国际化载体，定期举办海洋科技创新产品国际博览会。

# 第三章 加快推进渔业转型升级研究

## 第一节 新时期对渔业发展的要求

在 20 世纪末期，亚洲很多国家出现的长时间的经济繁荣不仅吸引了世人的瞩目，也让许多观察家乐观地断言 21 世纪将是亚洲时代。但保罗·克鲁格曼冷眼指出，亚洲的经济增长主要是靠汗水而非灵感，是靠更辛苦的工作而非更聪明的工作，这种依赖投入增加所取得的高速增长将不可持续。随之爆发的亚洲经济危机，给以日本为首的亚洲雁群经济带来了重创。

进入 21 世纪之后，尤其是国际金融危机爆发以后，世界经济进入转型期。虽然在量化宽松货币政策的刺激下，世界经济逐步走出泥潭，但复苏之路难言稳固。同时，贸易保护主义和反全球化思潮出现抬头，新兴经济体的潜在风险无法消除。

受世界经济复苏缓慢、全球投资大幅下滑、国际贸易形势堪忧等影响，中国作为当今世界第二大经济体和提振全球经济发展的主要力量，自身经济发展下行的压力也在不断增大。近年来的一些数据越发清晰地反映出：传统的经济发展方式已经不能适应经济发展的变化，以需求管理为核心的宏观经济管理模式不单对短期经济调节作用日渐减弱，而且更难达到长期的效果。

正是在这样的背景下，习近平总书记于 2015 年 11 月在中央财经小组第十一次会议上首次提出"供给侧结构性改革"（和龙等，2016）。随后，2016 年中央 1 号文件明确了"农业供给侧结构性改革"。这是一项面向包括渔业在内的大农业的具有针对性和战略性的举措。其实质是,通过结构调整,在该领域实现去产能、降成本、补短板(乐佳华、刘伟超,2017)。

"转型"的内涵要求是调节经济发展结构,转变经济增长方式,为经济增长提供新的动力。"升级"是"转型"的目标,其内涵主要是关注效率的提升,实际应对的是经济发展和消费升级的要求(王国平,2015)。

从可持续发展的角度来看,渔业转型升级是要摆脱对资源和环境的过度依赖,避免因资源枯竭和环境破坏导致的产业衰败,通过向多元化转变,实现渔业的可持续发展。从完善政府引导和调节职能角度看,渔业转型升级是指通过降低渔业交易成本、建立渔业结构适应市场需求的体制和机制、制定并实施积极有效的产业发展政策,引导渔业健康发展(刘志迎等,2016)。在当下农业供给侧结构性改革的背景下,渔业转型升级是以确保国家海洋经济安全为前提,根据市场需求变化,实现生产要素市场和产品市场二者间的平衡,通过渔业体制创新和制度创新,优化渔业生产和经营体系,提高渔业供给质量和效益,完成从注重满足量的需求向注重满足质的需求的转变(陈平、吴迎新,2015)。

# 第二节　山东省渔业发展存在的主要问题

## 一　渔业发展历史与现状

山东省自古以来就有舟楫之便、渔盐之利。但从商周到清末,渔业发展还只是局限于内陆河湖以及滨海近岸(周武才,1985)。辛亥革命以后到新中国成立之前,虽有不断探索,但因受战乱影响,始终未取得实质性的突破(李士豪、屈若搴,1998)。直到新中国成立以后,特别是改革开放后的几十年来,山东渔业取得了翻天覆地的变化。

(一)渔业综合生产能力显著提升

山东省水产品总产量在 1949 年时只有 9.9 万吨,经过 20 多年的缓慢爬升,于1974年首次突破50万吨;然后用了十余年时间,将产量翻倍,到1987年时产量突破百万吨,为110.66万吨;步入20世纪90年代后,增速明显加快,到1995年时已经达到了380.94万吨,1996年激增至586.69万吨;进入21世纪以后,总体保持了较为平稳的增长,在2016年时达到历史峰值903.74万吨;2017年在供给侧结构性改革的作用下,产量小幅回落至868万吨,大致与2013年时相当。山东省渔业产值在1949年时仅为0.28亿元,1959年时超过了1亿元,1985年时突破10亿元,1992年突破100亿元,2011年突破1000亿元;2005年之前,产值跟产量基本上呈同步变动趋势,但从2005年开始,产值增速更快——2005—2017年,渔业产值增长了238%,而同期水产品产量只增长了18%。

通过横向对比可以清楚地发现,山东是名副其实的渔业大省。2017年山东省水产品总产量868万吨,位居全国第一,分别比排名第二的广东省多4%,比排名第三的福建省多17%;2017年山东省渔业产值1571亿元,位居全国第二,分别比排名第一的江苏省(产量排名第五)少6%,比排名第三的广东省多20%(见图3-1)。

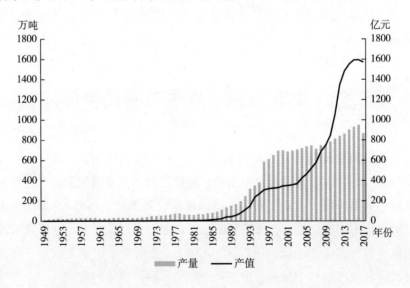

**图3-1　1949—2017年山东省水产品产量、产值变动趋势**

资料来源:国家统计局,http://www.stats.gov.cn/.

（二）渔业产业结构发生了重大转变

中华人民共和国成立初期，山东省的渔业产出基本上完全依赖捕捞。但是，随着人口的快速增长和人们对水产品需求的增加，捕捞强度不断增大，近海渔业资源出现明显衰退。为了解决水产品供给不能满足消费需求这一突出矛盾，山东省从 20 世纪六七十年代便开始积极探索人工养殖模式。随着关键技术的突破和实践经验的不断积累，进入 80 年代以后，特别是在 1985 年党中央确立了渔业发展"以养为主"的方针后，在地方各级政府部门的大力号召下，山东省水产养殖业发展十分迅猛。在 1994 年，全省水产养殖产量一举超过了捕捞产量，实现了渔业产业结构由"捕捞型"向"农牧型"的转变（丁志习，2009）。经历了 90 年代初期对虾养殖"过山车"式发展和 90 年代中后期栉孔扇贝大规模死亡灾害后，山东省对养殖产品结构也做出了相应调整。步入 21 世纪后，已经告别了"四大家鱼"和藻、贝为主的局面，形成鱼（鲤、草、鲢、鳙、鲈等）、虾（南美白对虾、日本对虾等）、贝（蛤、扇贝、牡蛎等）、藻（海带、裙带菜、江蓠等）和海珍品（海参、鲍鱼、梭子蟹等）等共同发展的格局，主要养殖品种由过去的几种增加到了四十多种。

对比其他 8 个沿海省份可以看出，山东省是水产养殖大省、海水养殖大省。2017 年山东省水产养殖总产量 641.54 万吨，位居全国次席，分别比排名第一的广东省少 31 万吨，比排名第三的福建省多 121 万吨；2017 年山东省海水养殖产量为 519.08 万吨，位居全国之首，分别比排名第二、第三位的福建省、辽宁省多 73.77 万吨、210.95 万吨；就水产养殖在水产品总产量中的比例而言，山东省在 9 个沿海省份排名居中，以 74% 的占比排名第五，低于江苏的 83%、辽宁的 82%、广东的 81% 和广西的 77%；依海水养殖在水产品总产量中的比重而论，山东省以 60% 的占比跟福建并列第二位，低于辽宁的 64%；按海水养殖在水产养殖产量中的份额来说，山东省以 81% 的占比位居次席，低于福建的 86%（见图 3-2）。

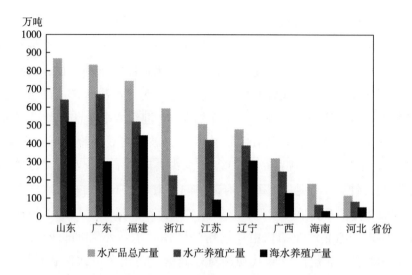

**图 3 – 2  2017 年沿海省份渔业产业结构：产量视角**

资料来源：农业农村部渔业渔政管理局、全国水产技术推广总站、中国水产学会编制：《中国渔业统计年鉴 2018》，中国农业出版社 2018 年版。

（三）渔业经营实现了以市场为主导，三产要素配比日趋合理

新中国成立以后到改革开放之前，山东省的渔业经营体制是单一的集体所有制；1978 年开始实行以家庭联产承包为基础、统分结合的双层经营体制；1982 年山东省又对渔业进行重大改革，"大包干"承包经营责任制在渔区得到普遍推广；1985 年全面放开水产品价格管制，从根本上改变了水产品价格长期与价值偏离的问题；从 20 世纪 90 年代开始，一些地方以集体所有制为基础，进行了股份制改革，进一步激发了渔业发展的活力；进入 21 世纪后，渔业产业化进程加快，经营方式不断向区域化、规模化发展，经营体制不断向以产权为纽带的合作制、股份合伙制转化，渔业市场化、组织化、国际化程度日渐提高。山东省渔业第二、第三产业产值在渔业经济总产值中的比重呈现明显上升趋势，由 1978 年时的不足 30% 上升至 2017 年时的 61%。

横向对比其他沿海省份发现，山东省渔业第二、第三产业发达程度最高。2017 年山东渔业经济总产值 3986.89 亿元，其中渔业产值 1571.11 亿元，渔业第二、第三产业合计产值 2415.77 亿元；山东省

渔业第二、第三产业在渔业经济总产值中的占比高达61%，在沿海9个省份中排名第一，分别比排名第二的广东省和排名第三的浙江省高3%和5%（见图3-3）。

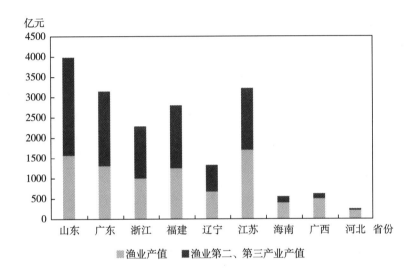

**图3-3　2017年沿海省份渔业经济总产值结构**

资料来源：农业农村部渔业渔政管理局、全国水产技术推广总站、中国水产学会编制：《中国渔业统计年鉴2018》，中国农业出版社2018年版。

**二　未来可能受到的惩罚**

现在我们不妨来考虑：如果上述问题得不到有效解决，山东渔业未来将会怎样？

为解答这一问题，让我们以水产养殖业为例，先从理论层面分析其在不治理或治理不当时会经历怎样的发展过程。同其他自然资源型产业一样，水产养殖业发展往往顺次经历如下演变过程：起步期，快速发展期，高峰期，衰退期或崩溃期。若高峰期后紧接着为衰退期，则有可能出现（但更多的是不出现）恢复期（见图3-4，用虚线表示的部分）。理论上，与市场容量相对应的产量水平（即"市场惩罚点"）可能小于、等于或大于与环境容量相对应的产量水平（即"环境惩罚点"）。换言之，市场惩罚点可能位于环境惩罚点的左侧，两者位置相同，或位于其右侧。为简明起见，图中只标出了第一种情形，即市场惩罚点位于环境惩罚点的左侧。事实上，这是最有利于产业长期可持续发展的一种情形，因为产量一旦超出这一临界水平，也就是说供给超出了需求，市场机制将发挥作用，表现为价格下跌，从而迫使生产者降低养殖规模，实际产出水平将围绕与市场容量相对应的产量水平上下波动，产业因而不会遭到"环境惩罚"。显然，在这种情形下，即使行业缺乏自律，政府不加干预，产业也不会走向崩溃，因为市场机制发挥了有效的调节作用。但是，如果市场惩罚点与环境惩罚点位置相同，或位于其右侧，市场机制就很难发挥作用。在这种情况下，如果行业缺乏自律，而政府又不加干预或干预不当，产业发展到高峰期后必将因环境惩罚而急剧衰退。

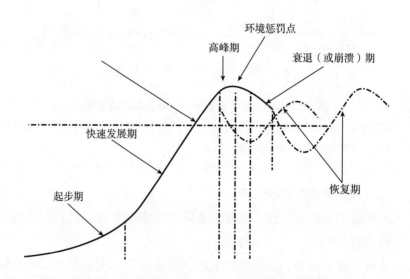

图 3 - 4　不治理或治理不当下的水产养殖业发展过程

也就是说，只考虑相对刚性的市场容量和环境容量，未来山东渔业发展理论上将面临四种结局，即自然与市场双奖励、自然奖励但市场惩罚、自然惩罚但市场奖励、自然与市场双惩罚。

但是从现实角度来分析，要出现"自然与市场双奖励"的情况，需要两个前提条件：一是人类需求量小于自然供给量，二是市场需求量大于市场供给量。显然，对于山东海洋捕捞而言，无法满足第一个条件。因为新中国成立后，中国人口出现了急速增长，人们对包括水产品在内的食物需求也随之增大，山东海洋渔业资源正在从曾经被认为是取之不尽、用之不竭的丰裕资源变为每况愈下的稀缺资源。正是因为自然供给无法满足人们的需求，所以才会导致过度捕捞，造成海洋渔业资源出现衰退的情况。山东水产养殖可以满足第一个条件，但是前文已述及的"丰产不丰收"问题，让它折载于第二个条件。概言之，目前山东省渔业发展早已偏离"自然和市场双奖励"的方向，如果当前问题得不到有效解决，未来更不可能实现这一目标。

"自然奖励但市场惩罚"是一种次优结果，只有当市场惩罚点位于自然惩罚点的左侧时，才有可能出现。依现实考量，这一结局对于未来山东海洋捕捞而言，根本无法实现。因为渔业是一种"共有品"，鱼类洄游特性使其产权难以明确，个体"理性"地追求利益最大化的结局往往会出现"集体行为失灵"，导致"公地悲剧"。渔业资源衰退的现实说明了自然惩罚已经开始，在未来相当长的时间里，这一局面很难会被扭转。但是，对于山东省水产养殖来说，未来很可能发生"市场惩罚"的情况。人工养殖在很大程度上摆脱了有限自然资源的束缚，但是"丰产不丰收"问题说明市场惩罚已经开始显现作用。由于市场惩罚具有一定的纠偏作用，能够使未来实际产出恢复至与市场容量相应的产出水平上。所以，从这一点看，如果问题得不到有效解决，未来山东省水产养殖倒也一般不会陷入崩溃的境地。

"自然惩罚但市场奖励"跟上一种情况的本质区别在于，市场惩罚点位于自然惩罚点的右侧。与"自然奖励但市场惩罚"相比，其产业危害更大。因为自然惩罚意味着产业发展已经超过了环境容量的限制，虽然产量下降可获得较高的价格，但产业走向衰退甚至崩溃是迟早的事。然而，我们很容易被市场繁荣的表象冲昏头脑，从而无视已经出现的环境问题。只有当环境损害积累到一定程度，也就是自然惩罚超过市场奖励的时候，我们才有可能醒悟过来并采取对策，但此时采取措施往往已经于事无补了。实际上，从20世纪中期开始山东省海洋捕捞已经发生了这种情况，"控制捕捞""以养为主"的渔业转型正是为了减轻自然惩罚的影响。对于山东省水产养殖而言，虽然对自然环境的依赖相对较小，但是随着其规模持续扩大密度不断增加，它对环境的负外部性日益凸显，如果得不到有效治理，未来同样存在上演这一悲剧的可能。

"自然与市场双惩罚"是最差的一种结果，其发生前提是：人类需求量大于自然供给量，市场需求量小于市场供给量。尽管总体而言，海洋捕捞和水产养殖分别更倾向于出现"自然惩罚但市场奖励""自然奖励但市场惩罚"的结果，但不排除未来各自会进一步向双惩罚结局演变的可能性。因为随着渔业资源的衰退，虽然野生经济鱼类的价格有所增长，但是单位捕捞努力量下的渔获量也在下降，加之野生鱼类价格受到同类养殖产品价格的影响，所以有可能发生海洋捕捞总利润下降的情况。利润下降，也就意味着遭受了"市场惩罚"。翻阅历史不难发现，在山东省水产养殖实践中大规模死亡灾害时有发生，虽然造成灾害的具体原因有很多，但其中总有不可被忽视的一条便是"局部大规模、高密度养殖超出了环境的载荷能力"，这实际上也是自然环境发出的警告。警告再三，接下来就有可能是"自然惩罚"。对于应对这一可能出现的结果，我们应该"宁可失之于保守，不可失之于冒进"。因此，有理由顾虑：如果问题得不到有效解决，未来山东渔业很可能面临"自然与市场双惩罚"的尴尬结局。

### 三 失去比没有更痛苦

这里所说的"痛苦"，不仅是情感意义上的"痛苦"，而是包括环境代价、经济代价、社会代价甚至声誉代价等在内的综合意义上的"痛苦"。以2017年年底渤海和北黄海贝类养殖大规模死亡灾害为例，我们曾经与多地分管渔业的县、市领导做过深入交谈。据了解，经历过大规模死亡灾害后，很多养殖户不仅将前十几年辛辛苦苦赚来的钱赔进去了，甚至连养殖的老本也搭进去了。也就是说，一场灾难，不仅分文未赚，反而连投资都打了水漂，最终结果是"赔钱赚吆喝"。

山东省渔业曾取得的辉煌成绩离不开巨大的技术研发、产业配套、销售渠道开发和目标客户建立等投资。但是对于目前渔业发展中存在的问题，我们需要当机立断、果断抉择。否则，渔业"得而复失"所发生的成本，包括技术研发、产业配套、销售渠道开发和目标客户建立成本，也包括前述的环境成本以及投资的"机会成本"和"时间成本"，可能要远高于这一产业所带来的各项收益。

# 第三节　渔业转型升级分析

## 一　转型升级存在的困难与挑战

传统的渔业发展模式难以为继，山东省对渔业转型升级的要求十分迫切。但是，在历史发展过程中所形成的产业黏性和价值链低端锁定，均会妨碍转型升级。

### （一）产业黏性分析

产业黏性对转型升级的阻碍主要体现在"一多一少"两个方面。

"一多"是指产业中的结构性矛盾多。从生产结构本身来看，存在因体量大、历时长而导致转型升级困难的问题。山东省渔业整体规模很大，2017年渔业经济总产值（包括第二、第三产业）达到3987亿元，占全省海洋经济总产值14776亿元的27%。如此大体量的产业要实现快速转型难度很大。另外，山东省渔业发展历史悠久，在过去凭借资源禀赋形成了资源依赖型的传统渔业发展模式，所积累起来的各种基础设施、生产条件、劳动力基础、生产技术、观念与意识等对产业转型升级的适应性较差。从生产结构以外的其他发展要素结构来看，还存在诸如技术结构、投资结构和劳动力结构等与转型升级相矛盾的问题。在技术方面，有很多像遗传育种、疾病控制、产品质量之类的难题没有攻克。山东省目前的主要养殖品种有40多种，但多数未经过遗传改良，特别是一些高值品种如虾、蟹、参、鲍等养殖过程中发育不良、个体消瘦、成活率低的情况时有发生。在投资方面，由于渔业属于高风险行业，金融机构对其开展业务时十分审慎，而转型升级通常意味着对原有装备或技术的改良甚至摒弃，对资金的需求很大，渔业投资供需不对称的现象特别明显。在人力资源方面，存在专业人才缺失和非渔农民大量涌入的双重矛盾。一方面渔业存在老龄化严重、受教育程度低、专业技术人才短缺、高端人才储备不足的问题，另一方面由于目前尚未建立规范严格的渔民身份认证机制，造成渔业从业人员流动性大、经营中追求短期利益最大化和政府宏观渔业管理力度被弱化等问题。

"一少"是指升级动力与机制保障少。山东省渔业虽然体量很大，但产业内部组织化程度较低，经营者主要以散户为主，产业竞争呈现"小而散"的单兵作战态势。上规模的企业大多是占据产业链中的某一个或者某几个环节，拥有全产业链的大型渔业公司数量较少。这种产业分布不连贯且行业集中度不高的渔业组织格局缺少强有力的主体进行有效的整合，难以形成合力，从而导致产业转型升级的内在驱动力不足。渔业的准入门槛很低，资源性生产要素价格扭曲与不健全的市场机制一方面造成进入和退出市场的成本较低，让从业者更倾向于选择在能够"搭便车"的时候进入渔业或者在进行难度较大的转型升级时退出渔业，另一方面导致海域等渔业资源被低价（甚至无价）、低效、低环保标准使用，客观上鼓励了粗放式的生产经营行为，形成了资源依赖型渔业发展环境。

（二）价值链低端锁定分析

目前，学界更多的是从全球价值链（GVC）角度来研究价值链低端锁定问题的，但是对于一国之内的不同地区或者不同产业，这样的分析也同样适用，因为它们的运作机理是一样的。

由于地区间（或产业间，因道理相同，故在下文论述中省略）要素禀赋存在差异，不同地区通常是在不同环节具有比较优势。因此，最有效的分工就是各地区跟随自己的比较优势选择不同的环节，进而导致了产品价值增值率的差异。在漫长的产业发展过程中，一个地区的要素禀赋结构不是一成不变的。当这种结构改变时，其所在的分工环节很可能就不再具备比较优势。此时，也只有通过再分工才能实现对要素资源的最佳配置。也就是说，当一个地区要素禀赋改变时，可以沿着价值链向高端环节攀升，进行转型升级。

然而，现实中很多位于价值链低端的地区并没有顺利实现向价值链高端环节的攀升，反而出现了"价值链俘获"效应。

按照 Humphrey 和 Schmitz（2002）的价值链升级理论，在价值链体系下，山东省渔业产业存在工艺升级→产品创新升级→功能创新升级→链条升级的序贯式创新能力升级和价值链升级模式。但 Gibbon 等（2008）指出，前面两个升级可以在价值链体系或网络中实现，可一旦进入后面两个更高阶的价值链升级过程，就会受到既有链主的控制和阻击，从而被"俘获"或"锁定"在价值链的低端环节。其手段主要包括：抬高技术转移门槛乃至实施严格的技术封锁；通过构建进入壁垒（如产品进口质量、设计、环保监测等）或进行苛刻的产品要求；利用不同地区之间或地区内部企业之间的可替代性，制造低价竞争战，切断靠利润积累来获得创新投入的通道；强化行业技术标准以及专利丛林策略。

综上所述，山东省渔业转型升级会受到产业黏性和价值链低端锁定两种力量的阻挠。只不过产业黏性类似于物理学中的"惯性"，力量主要来自产业内部，是产业发展过程中自发形成的不利于转型升级的因素；而价值链低端锁定则主要是受到外力的制约和打压，产业被强行禁锢在"枷锁"之中（见图 3 – 5）。

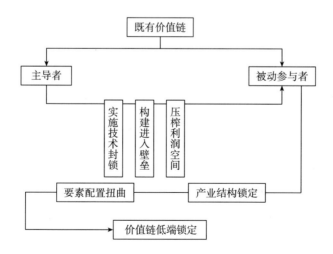

**图 3 – 5 价值链低端锁定机理分析**

## 二　实现转型升级的有效途径

一项产业的不断发展通常是几股相互博弈力量共同作用的结果。对山东省渔业而言，这几股推动发展的力量分别是：市场需求拉动，技术进步推动和政府干预促动。显然，在不同的发展阶段，它们的表现方式和作用效果也大不相同。

新中国成立后，随着人口的快速增长，既有的水产品供给越发不能满足日益增长的消费需求。为了摆脱这种局面，政府大力号召并支持发展海洋渔业。捕捞规模迅速扩大。同时，捕捞技术的进步产生了叠加效应，综合捕捞能力呈指数增长，很快便突破了自然可供给量。长期的持续的"过度捕捞"，最终导致了渔业资源的严重衰退。在转变为"以养为主"的渔业发展模式后，经过几十年的高速发展，同样地出现了"过度养殖"的问题。

历史往往有惊人的相似。但这不是巧合，而是诱发其产生的外部环境没有得到改变。一般来说，科学技术越进步，市场需求越旺盛，越容易发生"过度"。在这种情况下，如果政府不加管制或管制不当，衰退甚至崩溃就成为产业不可避免的结局。

目前，我们的市场机制还不完善，市场机制本身也存在"市场失灵"的情况。并且，在产业发展方面，根本不存在技术性的解决方案——长期以来，我们在技术研发方面付出了巨大的努力，但是，历史地看，每一项被广泛采用的新技术，带来的都是新一轮的"盛衰循环"。

实际上，上一次山东省渔业的成功转型正是在政府的强力干预下完成的。现在，我们又站在了历史的十字路口，尽管已经对转型升级的任务要求十分明确，但在如何部署、如何落实等方面还亟须进一步开展探讨和研究工作。

基于科学研究的视角，我们认为：山东省渔业现实转型升级的关键前提是创造良好的制度和政策环境。在转型升级的路径探索上，要充分体现出对"转型""升级"两个维度的安排，具体来说，要考虑以下几个方面：

（1）生态环境和外部空间的允许。要注重科学规划，渔业发展必须与生态环境保护相结合，避免掠夺式、骚扰式（Hit and Run）的开发；关注其他产业，特别是一些跟渔业存在资源竞争的产业，在转型升级过程中对渔业的影响和要求，避免彼此间产生矛盾和负面影响；处理好不同产业间的空间配置问题，避免在使用权或优先使用权上产生冲突。

（2）渔业产业综合效益的提升。要改变以往粗放式的发展模式，摒弃在过去发展中形成的资源依赖性；在努力打破技术瓶颈的同时，要注重技术效率的提高，优化经营结构和管理模式；推进和发展渔业循环经济，提高产业内部生产要素的综合使用率；推动产业链向上、下游两端延伸，形成多元结构的产业链条，并提升产业链的附加值。

（3）将来社会进一步发展的要求。对于将来发展中可能出现的问题，要有所预判，避免因重建而花费不必要的时间成本和资金成本；要着眼于更加长远的未来，预设好可以及时修正或替代的方案，允许在时机成熟或必要时产业升级可以比较轻松地向更高版本跨越。

# 第四节　国内外经验或启示

## 一　三种渔业管理模式

渔业发展不仅是我们而且是全世界包括所有国家和地区必须要面对的一个共性问题。尽管不同国家和地区在寻求转型升级与可持续发展的道路上给出了不同的解决方案，但是归纳起来，渔业管理只实现于三种范式模式：基于政府干预的官僚管制模式，基于个别可转让配额的市场模式和基于自我约束和共同管理的公共管理模式。

客观地讲，以上每种模式都有自身的优缺点和存在的合理性。然而，通过分析文献发现，很多制度和政策研究者在选择和分析渔业管理模式时明显地带有个人偏好。他们往往倾向于一种选择而"诋毁"剩下的选择，结果造成他们"不得不"过分地批评别的模式而缺乏对自身所选模式的缺点的充分考虑。鉴于此，我们不对到底"应该"选择哪种模式做出表态，只是解读并分析这三种渔业管理安排的优缺点，以期对山东省在渔业转型升级中能够构建更加合理的制度框架有所启发。

（一）官僚管制模式

官僚管制模式通常是把渔业资源及生态环境保护作为渔业管理的首要目标，渔民被视为掠食渔船的一部分，因此，必须有一个外在的"守护者"来防止"公地悲剧"发生，从而形成了自然资源系统集中化地被政府控制和管理。这一模式在公共事务管理领域、计划和传统自然资源管理等领域被学术界广为推崇，许多渔业生物学家和渔业管理人员是其拥护者，同时，一些社会团体因为经常有增加政治影响力的需求也会成为该模式的支持者。

采用这一模式的代表性地区是北美地区。美国和加拿大的政策分析家从来不会写要对渔业集中控制之类的文章，因为一个完善的渔业管理体系已经存在，他们更多的是关注和检验渔业管理的具体落实和发展情况。美加两国对西北大西洋底栖类渔业的管理便是采用该模式的典型案例。至 20 世纪 30 年代，西北大西洋底栖类渔业已经经历了长达三四百年的成功发展。过度捕捞问题却将它推到了危险的边缘。为避免渔业崩溃，两国在 1950 年共同组建了西北大西洋国际渔业委员会（ICNAF）。在其成立的 20 多年时间里，有效地保护了渔业资源。自 1976 年委员会解散后，两个国家各自发展了不同的渔业管理方式。美国采取的是《马格努森－史蒂文斯渔业保护和管理法案》（*Magnuson - Stevens Fishery Conservation and Management Act*），旨在通过分建一系列区域渔业管理委员会落实联邦政府"最适产量"的目标，形成了一种分权式官僚管制模式。加拿大采取的是一种以"低开发、高利用"为最初目标，通过控制准入、规定年捕捞量、实施禁渔期、限制马力及最小网目等措施对渔业进行直接管制，是一种集权式官僚管制模式。尽管它们形式不同，但本质上是一致的，都是致力于维护渔业资源在可持续利用水平，都是政府把持渔业产权，对如何分配资源拥有绝对的主导权。

该模式的优点有以下三点。一是规则普遍适用，可以增加系统的公平性和公正性。二是法规单一固定，有助于减少执行成本。三是准入途径开放，有利于保护生计型渔民的利益。

然而，用统一的规则对渔业实施技术管制，即"一刀切"的做法，是官僚管制模式最有优势的地方但也是其最欠缺之处。因为它会增加相同产出下的努力量，从而引发过度投入，降低渔业的生产效率。官僚管制模式和其他集权管制模式备受指责，原因还包括：对不同需求不加区分，对假定的受益者强加高额成本，越来越偏离公众目标，校正和补救措施经常适得其反等。

（二）市场模式

市场模式以提高渔业生产力和经济效益为首要目标，兼顾保护资源与可持续发展水平。随着 20 世纪八九十年代经济学原理和观念在多学科中的蔓延，以及官僚管制模式因存在明显的效率缺陷而饱受争议，一大批政策分析家们开始倡议用市场模式取代官僚管制模式。该模式在得到资源经济学界认可的同时，也得到了渔业生物学家和一些渔业管理人士的青睐。

采用这一模式的代表性国家是新西兰和冰岛。由于一些近岸渔业相继出现崩溃，新西兰自 1986 年开始实行该模式治理和发展其 200 海里经济专属区的渔业，此后的渔业管理实践证明了这一模式的成功，新西兰也因此而被当作典范。冰岛的市场模式管理体系始于 1991 年，采取该模式的主要目的在于控制过度捕捞，但实际效果糟糕，这样也让冰岛成为反面教材。

交易许可制度，即个别可转让配额制（ITQs），是市场模式的主要政策工具。其管理思路是：先在渔业最大可持续产量基础上确立出总可捕量，再通过吨位或百分比的形式进行额度分配。如此一来，渔业产权便从政府手中转移到了渔民手中。其优点在于以下方面。一是强调经济效益，并把渔民和渔业看作一个有机的整体，在渔业中形成公司文化。三是可以有效防止过度投资，消除由竞争带来的高成本、低效率。四是捕捞上限的设置，有利于保护渔业资源。此外，由于总可捕量依照年份或季度而定，其调节可以反映出资源量变化和环境变化情况，有助于渔民和加工者更好地做出经营决策。

但是，这些积极的结果同样伴随着消极的因素。比如：市场模式带来的产业整合会对生计型渔民造成致命的冲击；个别可转让配额制度的实施会伴随失业问题的加剧；财富会因法人关系的转出而从当地流失；毁坏现有的地方性惯例，并使地方社团流于形式；使老渔民受益的同时限制了新渔民的进入，由此而造成重要的公平性问题。

（三）共同管理模式

共同管理模式主要鼓励渔业社区和现有体制实现自我调节，倡导保护弱小渔民和用传统方法来管理渔业。其理论基础是人类学和社会学。相比于官僚管制模式和市场模式，它更像是一种折中的方案。其支持者主要是那些以渔业为生或跟渔业有密切关系的人，以及渔民工会和渔业合作社。

或许是因为能被该模式支持者辨认出的成功案例几乎都发生在发展中国家的小型渔业社区里，所以渔业学者在研究渔业管理模式时并不会把它看作一种可行途径。也正因此，外界对这一模式给予了更包容的态度，对它批评的声音很少。该模式利用长期以来而自发形成的社会规范、社区规章等对渔业进行自我监管，以达到保护资源和可持续利用的目的。该模式的基本原则是：维护社区利益，促进分配公平，关注渔业社会和文化发展。它同时还强调应当尽量减少会对人们生活造成影响的决策，主张渔民是沿海社区的成员而不是渔船的部件或公司盈利的工具。在此模式下，社区拥有真正的渔业产权。

该模式的优点集中体现在以下几个方面。一是采取地方管制而不是政府管制，可以避免"一刀切"带来的不适用问题。二是有利于保护社区文化和价值观。三是内部问责方式有助于减少构成欺骗的应激机制。四是限制渔具和努力量等措施，有利于保护资源环境和弱小渔民的利益。

该模式最大的问题是，容易被地方领导者"俘虏"，成为个人牟利的工具，从而引发社会不公。此外，该模式的缺陷还有：对传统的作业方式的依赖，造成经济效益低下；缺乏政府集中管制，可能导致公众责任感缺失；密集的劳动，存在生产和社会安全隐患。

总的来看，官僚管制模式更侧重于对渔业投入的监管，市场模式更偏向于对渔业产出的控制，公共管理模式则是一种对投入和产出兼而有之的自我约束。但以上三种模式无一例外地关注了自然资源和生态环境的承载能力，即所有的渔业管理都是在努力避免我们前文中所述及的"自然惩罚"，将渔业发展控制在可持续的水平上。但是，水产养殖的快速扩张在成为"中国特色"的同时，也要求我们在渔业管理中必须还要考虑"市场惩罚"的问题。也就是说，以上任何一种渔业管理模式都无法直接适用于"山东情境"，成为助力转型升级的"灵丹妙药"。换言之，山东省未来渔业管理制度建设应当"量体裁衣"，而不能"削足适履"。

### 二　五种经营主体协作类型

现在，我们把目光从国际拉回国内，从渔业经营主体类型和各自优缺点的角度，发掘产业组织的内涵，找寻有益于渔业转型升级的启示。

根据渔业产业链的逻辑因果关系和时间次序，可将其中的生产、加工、销售分别划分为上游、中游和下游三个层次。不同层次的经营主体间通过相互协作，彼此关联。依照控制强度差异，协作模式与组织关系大致可分为五种类型，即市场交易型、联盟型、合同型、合资型和纵向一体化型，如图 3-6 所示。

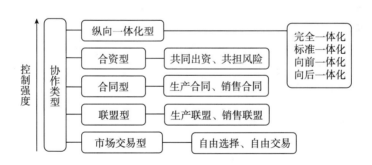

**图 3-6　渔业经营主体协作类型**

#### （一）市场交易型

市场交易型是指经营主体间为满足各自需要通过市场来进行商品交换，它以市场价格协调资源在不同环节之间的转移，是控制强度最低的一种协作模式。在该模式下，所有扇贝经营主体通过市场交易而相互协作。各经营主体间缺少有效约束，仅依赖价格机制发生关系。协作经营主体通常会随着时间、地点等的改变而随时改变。

该类型的优点是具有较高的灵活性，经营主体可根据市场情况随时变更自己的协作伙伴，选择对自己更有利的市场交易主体，提高自身的经济效益。该模式以自由交易为基础，不存在所谓的"毁约"事件。另外，由于准入门槛很低，这便允许市场以低交易成本组织、容纳数量众多的小规模生产个体。

该类型的缺点是各经营主体间关系松散，产业链很容易断裂。由于在市场交易中不可避免地存在信息不对称，一旦发生较严重的供需不平衡，某一方经营主体便很可能面临失去另一方经营主体的状况。同时，为寻找更有利的交易对象，经营主体就要不断收集市场信息，这会增加额外的信息成本。

（二）联盟型

联盟型协作多以自发联合而形成，一般只达成口头协议。它通常发生在区位邻近且彼此熟悉，或者具有亲缘关系的个体户或私营者之间。表面上看，经营者之间只是达成了一种联盟关系，没有签订正式合同，产权、资源等也各归各有，属于较为松散的非正式合作组织，但实际上，由于经营者之间大都关系紧密、社交圈重叠较大，这种口头协议通常具备与正式合同等同的功效。

合同型有助于降低经营者之间的信息成本，减少信息不对称。

但不可否认的是，这种协作类型的控制力依然较低，一旦发生"毁约"或"不认账"情况，法律也很难进行有效界定。

（三）合同型

该类型指上、下游经营主体通过合同来实现关系衔接。其关系确立方式较为灵活，既可以是签署书面合同，也可以是达成口头协议。但通过实地调研发现，这种类型更多地出现于"企业＋协会"或者"协会＋企业"，即经营者先加入协会，再通过协会与上下游企业签署产销合同。

其优点在于：通过合同绑定，能够使经营主体在利益和风险之间达到一定程度的平衡，避免了上、下游环节对自己的双重制约。这就像跷跷板，当一端如交易费用出现下降时另一端如责任和义务也必然上升。

然而，这种类型的实际控制力还存在不足，无法彻底消除"个体行动理性"和"集体行动非理性"之间的矛盾。并且，对于合同双方来说，没有形成足够的约束力来杜绝单方面"宁可赔偿，也要毁约"情况的发生。

（四）合资型

合资型可以将产业链中各环节经营主体关联在一起实现多元化经营。它与纵向一体化型较为相似，但又存在本质的区别：纵向一体化型是将不同经营主体纳入一个企业中进行高强度管理，而集团则是通过合同关系将处于产业链各环节的经营主体衔接在一起，其控制强度远低于前者。

该类型的优点是通过把位居产业链不同环节的经营主体关联在了一起，提高产业链的稳定性并且大幅降低整个链条的交易成本。

缺点是这种捆绑可能有损某些经营主体的自身发展，如业务开拓能力和抗风险能力。

（五）纵向一体化型

纵向一体化型指经营主体参与了一个以上连续的产业链生产环节，完全是非市场安排的协作模式。它通过并购将其他相关生产环节纳入一个综合经营主体的所有权控制之下，从而形成控制强度最高的协作模式。

该类型的优点包括：产业链强度最高，供需之间不会轻易脱钩；有助于提高经营主体自身对市场的垄断能力或消除竞争对手的垄断力量；利于纠正由外部性所导致的市场失灵；可降低交易成本。

其缺点在于：实现纵向一体化需耗费大量资金；随着经营范围和规模的扩大，经营主体管理难度与成本随之增加；完成纵向一体化后的生产和销售成本可能比市场交易时还高。

山东省渔业经营主体的基本现状是：数量众多但规模较小，相互之间关系松散，彼此之间联络不畅。显然，这样的结构并不利于渔业转型升级。有不少学者提出，应该通过"培养新型经营主体"来消除以上问题，如：成立专业合作社，推行龙头企业带动模式等。但事实上，这种方式并不见得会"必然有效"。因为渔业产业链一般较长，以海水养殖为例，涉及育苗、养殖、加工和销售多个环节，每个环节间具有逻辑因果关系和时间次序，它是"纵向"链。如果只是在某一环节培养新型经营主体，的确可以加强"横向"联系并有效整合资源配置，但是效果大多只局限在了环节内部，对整条产业链而言，依旧可能出现环节间联系不畅、整体协调性差、易断裂的问题。最终，可能并不利于渔业实现转型升级。

# 第五节　山东省渔业转型升级对策与建议

至此，我们已经不难发现，山东省渔业中的问题，有些是具体性的，是产业自身所特有的；有些则是系统性的，是广泛存在于大农业之中的（如：产业黏性大、丰产不丰收等）。虽然对于渔业转型升级而言，更需要克服的可能还是一些系统性的问题，但是考虑到对策和建议的针对性、时效性以及可操作性，这里只是对几个我们认为是特性的、重要的、急需解决的问题，或提出具体的解决方案，或指出解决该问题的关键所在。

## 一　统一认识，厘清渔业转型升级的基本思路

在进行提质增效的改革实践中，我们要严格落实产品质量优先和效益优先原则，提高有效供给意识，区分生存型养殖和商业型养殖，试行基于"最大可养量"的配额管理制度并适当地压缩养殖规模和产量，避免盲目扩张，把现有的产量优势转变为效益优势。

就"从产量到效益转变"的具体步骤来说，可以细分成两步：一是把产量优势变为产品优势，二是把产品优势变为效益优势。我们可以两条腿走路（同时进行），但很难一蹴而就。因为要彻底实现这一转变，是一件"说起来容易，但做起来难"的事情——它不仅需要政策支持，还需要健全的产权保障体系、完善的法律法规体系；它不仅

需要大量的资金投入，还需要有配套的财政和信贷援助体系——这是一项系统工程。因此，我们的建议是，渔业转型升级应当划分为三个阶段来推进。

一是前期筹备阶段。就如何转变渔业发展模式并推动产业升级做宏观统筹；形成统一的发展思路并设计未来的发展框架；对渔业转型升级所需的各项社会经济成本和潜在经济收益进行相关评估；明确总体及阶段性目标；制定相应的绩效考核标准。

二是中期落实阶段。构建并完善实施体系；吸引和带动社会各界更多的利益相关者或潜在参与者加入进来，为转型升级提供更多的人力和智力支持；在各参与者之间建立连接纽带；构建有效的激励与惩罚机制。

三是后期保障阶段。根据渔业转型升级实践中存在的问题或者实际进展情况，及时做出相应调整；加强并完善预警机制、监管机制、保障机制和绩效评估机制；实现对转型升级成果最大化利用。

**二　总结经验，改善渔业管理中的机制缺陷**

在分析"过度生产""逆向激励"等渔业问题时，人们很容易将矛头指向市场，认为这是由市场机制不完善所造成的。这些问题表面上反映的是"市场失灵"现象，但归根结底，还是我们的管理机制存在缺陷。

通过前文的三种渔业管理模式比较可以看出，官僚管制模式（也叫政府主导模式）存在成本高、效率低等先天性不足。我们认为，渔业管理机制改革和创新之所以如此艰难，其主要原因在于：根本上，渔业管理依然在沿袭政府管制的单一治理模式，禁锢于"渔业必须由政府来管"的传统思想当中，没有考虑到渔业本身的多样性和管理目标的复合性。若想彻底改善渔业管理中的机制缺陷，我们给出的建议是：进一步解放思想，打破传统观念的约束。具体办法可概括为以下三点。

一是管理主体多元化。在以政府为主导的前提下，通过完善渔业组织制度、政策扶持、政府指导等手段，鼓励渔业协会、组织以及渔民或养殖户个人参与管理，从渔业内部加强监管并实现行业自律。真正实施起来可能要注意两点：①行业协会要被赋予更多的使命和内容，不应"重理论、轻实践"，脱离自身发展需要，完全被政府所主导，有名无实；②实现良好内部管理的最有效手段是推行产业一体化，但是交易的不确定性和交易发生的频率均可能导致高昂的交易成本，而且，在一体化形成之后，有可能出现市场垄断问题，因此，要综合评估，理性推广。

二是管理结构网络化。改变"自下而上反映""自上而下落实"的单向传输方式，形成在管理过程中各级管理者都可以信息互通、资源共享、合作共治的格局，让决策者、管理者、专家学者和渔业经营主体都成为管理网络中的重要一环，从根本上解决因单一决策模式所带来的管理不当或管理无效等问题。

三是管理方式自主化。好的渔业管理不仅要考虑人性的可变性和多面性，也要考虑各地渔业及其社会、经济、文化以及地方组织和制度形式的多样性和复杂性，同时还要兼顾各地资源用户在价值取向和利益诉求方面的多元性及其正当性。政府和渔业管理部门应重点做好顶层设计工作，把正向激励和反向激励有机地嵌入组织结构和制度条文中，以便抑恶扬善，让追求私利的动机为实现公利的目的服务。在管理方式上要灵活多样，根据渔业的实际状况，因地制宜，最大限度地克服"搭便车""一刀切"等行动难题。

### 三　鼓励创新，让改革成效遍及渔业发展的各个方面

创新的主体不单是渔业生产者，还包括政府、科研院所、金融机构、中介组织等所有的利益相关者。创新的对象不仅是设施和资金等硬件条件，还包括政策体系、制度框架、科学研究等"软实力"。创新的内容不光是技术创新和产品创新，还包括组织创新和制度创新，以及广义的社会方面的创新。

山东省渔业转型升级实质上是要形成知识创新、技术创新、制度创新、金融创新、服务创新等侧重点不同但又紧密联系的创新驱动体系，并在此基础上实现各种创新形式的集成创新和协同创新。

知识创新不仅能为提高渔业生产效率提供新方法，而且能为渔业转型升级提供新思路，是保证渔业朝高质量发展的不竭动力。但从现

代知识创新的需求来看，它日益表现出投资成本越来越高、对制度安排的依赖性越来越大的特点。因此，知识创新离不开必要的财政投入、良好创新环境、完善激励机制（见图3-7）。

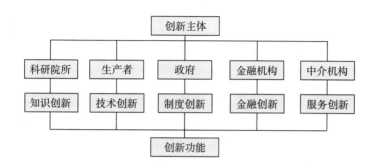

**图3-7　创新驱动体系示意**

技术创新是指将渔业技术发明应用于生产体系，实现其市场价值和商业价值。虽然技术创新的实施主体是渔业生产者，但离不开高校和科研院所提供的知识创新，政府提供的环境和制度保障，金融和中介机构提供的服务支持。

制度创新旨在规范市场主体的行为，协调交易主体之间的关系，减少环境的不确定性。通过调整创新制度体系中不适应渔业转型升级的方面和环节，制定比以往制度安排更富效率和激励作用的制度安排，为各种创新行为提供引导和激励，它是创新驱动体系中关键的一环，起连接作用。

未来金融创新的主要任务是，围绕渔业特点，通过对金融资源的有效对接和整合，努力满足创新型渔业生产企业在不同发展阶段的金融需求，建立供需相匹配的渔业投资融资体系。

服务创新则是通过整合创新资源、沟通创新主体、服务创新活动等来降低创新成本、提高创新效率，在创新驱动体系中发挥推助作用。

# 第四章　山东港口物流发展研究

建设世界一流的海洋港口是我国经济持续稳定发展的基本保障，同时也是山东海洋强省建设的重要抓手。提升港口整体竞争优势不仅要强化节点功能，更重要的是促进节点之间的协同，形成综合高效的港口供应链体系，这是山东省港口物流业未来发展的主要方向。

## 第一节　山东港口物流业发展现状

2017 年，山东港航生产稳中有升。山东省港口吞吐量完成 15.8 亿吨，增长 6%。沿海港口完成 15.17 亿吨，增长 6.2%，其中，外贸 8 亿吨、金属矿石 3.58 亿吨、液体散货 2.5 亿吨、集装箱 2560 万 TEU。水路客货运量分别完成 2037 万人次、1.67 亿吨，客货周转量分别完成 12 亿人公里、1785 亿吨公里。

基础设施建设加快推进。2017 年完成投资 118 亿元，其中沿海 104 亿元，内河 14 亿元。截至 2017 年年底，沿海新增深水泊位 15 个，其中新增万吨级以上泊位 12 个，沿海港口拥有生产型泊位 581 个，其中万吨以上级泊位 297 个，增加通过能力 6700 万吨。内河港口拥有生产泊位 232 个，新增泊位 19 个，新增通过能力 780 万吨。青岛港 20 万吨级矿石码头，烟台港西港区一期工程 20 万吨级、30 万吨级泊位竣工；日照港岚山港区 30 万吨级矿石码头投入试运营；黄河三角洲地区港口建设持续加力，潍坊、东营、滨州港建成 8 个万吨以上级泊位。港口集疏运体系进一步完善，烟台港西港区—淄博原油管道建成投产，青岛董家口—潍坊—鲁中、鲁北原油管道投入运行，年输送能力4500万吨。小清河复航工程完成立项和初步设计审批；京杭运河主航道"三改二"升级扩能工程和湖西航道工程进入施工招标阶段，东平湖湖区航道开工建设；微山一线船闸基本完工，韩庄、万年复线船闸和新万福河复航工程正在紧张施工中。

## 一　青岛港

2017年，青岛港完成货物吞吐量5.08亿吨，在我国沿海港口中排名第5位，全球港口排名第7位。全年完成集装箱吞吐量1830.9万标箱，在我国沿海港口中排名第5位，并在世界集装箱港口排名中名列第8位。

青岛港由大港区（老港区）、黄岛油港区、前湾港区、董家口港区等组成。老港区、黄岛油港区和前湾港区位于胶州湾内港，董家口港区为近年新建大型港区。老港区位于胶州湾东岸主城区范围内，包括大港、中港、小港和青岛轮渡区。

青岛港作为我国沿海大港和重要国际贸易港，目前与世界上130多个国家和地区的450多个港口有贸易往来。进出口货物主要为集装箱、煤炭、原油、铁矿石、粮食等。

2019年8月，中国（山东）自由贸易试验区青岛片区正式挂牌，这为青岛港口的未来发展注入了活力。自由贸易试验区和国家物流枢纽的双重利好政策将极大地提升青岛市在东北亚地区的经济实力和物流地位。除此之外，政策效果的叠加将衍生出新的经济增长点，通过自由贸易试验区与国家物流枢纽的协同发展，利用自贸区政策的灵活性和国家物流枢纽建设在资源上的倾斜，政策红利的效果将进一步放大，实现"1+1＞2"的效果。根据以往经验，一方面，自由贸易区的建设将大大拓展该地区海上运输的市场规模，促进港口的升级换代。另一方面，航运业务的扩容和增长，将逐步推动与贸易相关的金融业务发展、为自贸区提供更多优质的国际资金，为企业的融资提供更为宽松和广泛的渠道。当前，国际贸易宏观环境不确定性因素增多，中美贸易摩擦逐渐向常态化发展，出口压力进一步加大；同时，各省港口整合进入深水区，"对内整合、对外竞争"的态势逐渐确立，青岛市的外贸产业面临内部和外部的双重压力。

2019年9月,青岛市获批国家物流枢纽城市,青岛生产服务型(港口型)国家物流枢纽将按照"政企共建"的模式(即"2+3+N"模式,两个政府园区管委会+三家牵头建设主体企业+众多入驻枢纽的中小物流企业),实现"政府引导、市场主导"的开发建设。"政府引导"是指青岛市及西海岸新区政府通过制定相关规划政策,引导企业投资建设,并在土地、基础设施、检疫检验、口岸、保税等方面提供政策支持;"市场主导"是指国家物流枢纽的投资建设,将以龙头企业牵头、相关企业参与为主,引入市场运营机制、依托物流上下游业务为纽带,并开展多种融资和金融手段为补充的原则,开展国家物流枢纽的建设。国家物流枢纽建设采用多主体"战略合作+资本合作"的模式。市场参与主体以"战略合作"或"资本合作"模式与牵头建设主体合作,针对各自的物流项目,采用物理上集中布局,设施功能上整体规划、统筹协调的建设模式。枢纽内各项目(或各企业)的建设用地采用租购结合的方式,有效整合优化物流功能,集中布局专业物流供应商,交换共享物流信息,为青岛市产业集群提供物流整体解决方案。

近年来,青岛港通过智慧港口建设,固本强基步伐不断提速,2020年被作为试点单位成为"智慧港口建设"的领军者。在具体的成效方面,智能公路港不断打造和改进物流企业公共服务平台,实现提升物流效率20%;小件送货无人机应用成效初显;顺丰与青岛港共同搭建"互联网+"港口供应链服务体系,与军港合作打造军民融合服务创新模式;中创物流升级建设南港智能仓库,工作效率提升60%。同时,青岛港加快"汗水经济"向"汗水+智慧经济"的转型升级,建成运营亚洲首个全自动化码头,运营效率全球第一;董家口港区40万吨级铁矿石码头半自动化改造加速;建成投产长236公里的"董潍输油管道"一期工程,加快实现由黄海向渤海的战略布局;董家口疏港铁路建成开通,港口基础设施建设持续固本强基。

作为中国北方航线最密集的港口,青岛港充分发挥通洲达海、连接世界的新动能优势,青岛港将发展版图从胶州湾"搬"到世界,加快建设世界一流的海洋港口。

## 二　烟台港

2017 年，烟台港完成货物吞吐量 4 亿吨（注：按烟台市港口计，后同），在我国沿海港口中排名第 8 位，全球港口排名第 13 位。2017 年，烟台港完成集装箱吞吐量 270.2 万标箱，在我国沿海港口中排名第 13 位，并在世界集装箱港口排名中名列第 66 位。

烟台港港区数量众多，烟台市所辖的 9 个沿海市区县共建成规模港区 10 个，包括芝罘湾港区、烟台西港区、龙口港区、蓬莱东港区、蓬莱西港区、栾家口港区、莱州港区、海阳港区、长岛港区、牟平港区。其中芝罘湾、牟平、龙口、莱州、蓬莱、栾家口等港区为国家一类开放口岸，占山东省一类开放海港口岸总数的一半。港口的分布范围西起莱州湾、东至养马岛，覆盖了山东半岛北部大部分地区，南部亦有出海口，辐射面较广。

烟台港注重域内港口资源重组整合工作。自 2005 年以来，先后整合了烟台市地方港、渤海轮渡客运站、蓬莱东港区和龙口港，并启动了烟台港西港区的建设。目前，西港区大型矿石码头、319#—320# 转水泊位、7 个 5 万—10 万吨级液化油品码头、270 万立方米油品罐区和 20 万吨级航道等一批重大基础设施建成、投用，西港区至淄博 540 公里长输管道、30 万吨级原油码头也于 2016 年年底投入使用。集西港区—淄博 540 公里管道、30 万吨级原油码头和配套罐区等为一体的烟台港能源一体化系统 2016 年年底顺利建设完成，成为胶东半岛管输量最大、输送距离最长、服务区域最广的能源项目。其中，烟淄长输管道项目设计年输送 1500 万吨燃料油，兼顾远期年输送 2000 万吨原油能力。

目前，烟台港已经初步形成了煤、矿、油、箱四大业务类型专业化泊位大小码头结构合理布局，能够满足世界上现有所有船型的进港靠泊，成为东北亚地区为数不多的同时拥有矿石、油品、煤炭、集装箱四大货类超大型码头的枢纽港之一。在此基础上，烟台港建设和完善铁路、公路、航空、水路和管道五种物流设施通道，形成贯通东西南北的立体式交通运输网络，实现基础设施的互联互通，从而引领和带动产业与经济转型发展。

在国家"一带一路"愿景与行动文件中，烟台港被列为21世纪海上丝绸之路的重要节点，明确要求加快港口建设步伐，形成参与和引领国际合作竞争新优势，成为"一带一路"特别是21世纪海上丝绸之路建设的排头兵和主力军，为烟台港提供了千载难逢的发展机遇。近年来，烟台港积极贯彻认真践行国家"一带一路"倡议，努力实现港口转型升级发展，生产经营取得显著成效，港口各项业务呈现出蓬勃发展的良好势头。

2015年5月，在国家"一带一路"愿景与行动文件发布两个月之后，经过对内外部发展环境的认真分析和研究后，结合自身实际迅速制定了相关规划纲要，确定了以下发展目标：

用3—5年时间，基本建成包括中国北方重要的原油进口基地、东北亚重要的矿石中转分拨基地、黄渤海重要的内外贸集装箱中转基地、全国重要的煤炭物流基地、世界著名的化肥出口基地、全国最大的对非进出口基地在内的基地港口。

用5—10年时间，建立起拥有包括铁路、公路、水路、空路和管路5种物流通道于一体的立体式现代集疏运网络，通过对外投资与合资合作，拓展出与基地港口功能相适应的海内外经济腹地，打造出具有世界竞争能力的供应链物流体系，全面具备"一带一路"建设支点功能，实现由一流大港向一流强港转变。

作为海上丝绸之路的重要节点，烟台港积极探索走出去的企业发展战略，不断寻求发展对外投资与合作。烟台港按照供应链物流的发展思路，与产业链上下游企业等合作伙伴结成战略联盟，在铝土矿供应链体系建设上取得了显著实效。

随着国家"一带一路"建设的不断推进和中韩自贸区建设等发展环境的进一步改善，烟台港将按照基础设施互通优先的原则，深入推进设施互联，早日形成以"五龙交汇（德龙烟铁路、中韩铁路轮渡、烟大海底隧道、蓝烟铁路、烟大铁路轮渡）、六港贯通（芝罘湾港区、西港区、龙口港区、蓬莱港区、莱州港区、蓬莱空港）"等为标志的立体大交通格局。

### 三 日照港

日照港地处环太平洋经济圈、黄渤海经济圈和新亚欧大陆桥经济带的接合部,在国家生产力布局和大宗散货运输格局中具有重要地位,是鲁南经济带、广大中西部地区的主要出海口和新亚欧大陆桥东方桥头堡,全球重要的大宗能源及原材料中转基地。

2017年,日照港完成货物吞吐量3.6亿吨,在我国沿海港口中排名第10位,全球港口排名第15位。2017年,日照港完成集装箱吞吐量322万标箱,在我国沿海港口中排名第11位,并在世界集装箱港口排名中名列第51位。

日照港集团目前拥有各类子、分公司49家,固定员工9000余人,总资产560亿元。2017年完成货物吞吐量3.6亿吨,2018年,日照港计划完成货物吞吐量3.8亿吨。

日照港湾宽水阔,不淤不冻,陆域开阔平坦,腹地广阔,集疏运便捷,是难得的天然深水良港,特别适合建设大型深水码头,特别适合大进大出的临港产业布局。日照港规划岸线长29.7公里,共规划了石臼、岚山两大港区,274个泊位、7.5亿吨能力。到2018年,已建成59个生产泊位,泊位等级达到30万吨级,年通过能力超过3亿吨。

围绕提升服务能力,日照港集团未来计划投资360亿元以上,建设十项港口重点建设项目,包括煤一期南移、石臼港区西区集装箱化改造、石臼港区南三突堤码头、岚山港区南区15号泊位等。与此同时,力争到2021年,新增生产性泊位26个,新建、扩建航道98千米,逐步实现"东煤南移""南散北集",全面提升港口服务能力和服务层次。

自2018年瓦日铁路正常运营以来,运输能力、运输效能不断提升,搭建了一条晋豫鲁煤焦企业最高效、最便捷的出海大通道。日照港下一步将继续完善港口功能,对接中西部特别是瓦日铁路散货运输需求,加快推进"东煤南移"工程建设,将石臼港区南区四个泊位改造成为专业化煤炭泊位,提升煤炭、焦炭运输能力。加快南区焦炭码头后方堆场建设,尽快形成堆存能力,满足焦炭快速增长需要。加快岚山港区 20 万吨级通用泊位建设，提高岚山港区开普型船舶接卸能力。加快西区泊位集装箱化改造，进一步提升集装箱作业能力，提升集装箱服务水平。加快集疏运、船舶作业、火车货运管理、库场管理等信息化系统建设，延展舟道网服务链条，提升港口数字化、信息化水平。

立足于巩固大宗干散货运输优势，日照港全面推动"箱、油、商、工、金"协同发展，不断扩大"箱、油"市场份额和综合竞争力，致力于打造全球重要的铁矿石分拨基地、全国重要的原油进口中转储运基地、全国最大的粮食进口分拨基地等全国一流港口物流综合服务平台和全国一流的大宗商品交易中心。到 2021 年新增港口通过能力 1 亿吨，新增港口吞吐量 1 亿吨，使港口吞吐量达到 4.5 亿吨以上，把日照港建设成"一带一路"综合性枢纽港，全球重要的能源、原材料和集装箱中转基地。

作为我国沿海主要港口之一，日照港抢抓"一带一路"国家战略机遇，积极延伸国际物流供应链和产业链，先后开通日照通往成都、欧洲的"照蓉欧"集装箱国际班列、"日照—中东"件杂货班轮航线和"日照—中亚"集装箱国际班列等。随着"一带一路"的深入推进，日照港将逐步建设成"一带一路"综合性枢纽港和示范港。

### 四　威海港

2017 年威海港共完成货物吞吐量 7806 万吨，同比增长 3.3%，其中：外贸 3318 万吨，同比增长 5.6%；集装箱吞吐量 100 万 TEU，同比下降 5.9%；完成旅客吞吐量 163 万人，同比下降 4.6%；滚装车辆 137137 辆，同比增长 9.6%。截至 2017 年年底，全市拥有码头泊位 113 个，其中万吨级以上泊位 42 个（威海港有 21 个，石岛港有 12 个，龙眼港有 6 个，靖海湾港区 1 个，乳山口港区 2 个），5000 吨级泊位 16 个。年设计通过能力 3098 万吨。至 2017 年年底，威海市已取得《港口经营许可证》的港口企业共 66 家，其中综合性港口码头 10 家，专用港口码头 16 家，渔业码头从事危货作业的 19 家，船舶港口服务企业 21 家。

集装箱业务方面。分别增开了"威海—釜山航线"、"威海—营口内贸干线"，并协同船公司实现了群山港加挂，使航线经营维度得到了充分拓宽，业务辐射范围进一步扩大，持续为公司发展灌注活力。散杂货业务方面，持续优化货种和增值效益结构，倒逼公司转型升级，成功揽取玉米、水渣、水泥管桩等新货种 9 项，新增吞吐量 67 万吨，进一步填补经营缺口，使散杂货业务在复杂的市场环境中保持了相对稳定。客滚业务方面，坚持数据统计导向市场开发模式，不断从数据反映中夯实市场开发着力点，持续拉动零担、水产品、植物等主要货种，较 2016 年同期分别取得 35%、14%、102% 的大幅增长，全年实现车辆出口同比增长 10%；特别是南方车辆出口首次突破 1 万辆大关，比"十三五"规划目标翻了近一番。

**五　滨州港**

2017 年滨州港生产经营型泊位达 33 个，设计通过能力 2412 万吨，营运船舶达 12 艘，总运力达 21132 载重吨。全年完成吞吐量 2739.47 万吨，同比增长 28.61%，其中海港港区完成 1000 万吨；完成货运量 275.97 万吨，同比增长 14.98%；完成货物周转量 37560 万吨公里，同比增长 12.99%。港口工程建设快速推进。海港港区 2 个 3 万吨级液体化工码头主体工程完工；液体散货作业区 6 号 7 号油品泊位（2 个 5 万吨级）完成前期工作；通用及多用途作业区 3 号至 6 号通用泊位工程（4 个 3 万吨级通用泊位）、液体散货作业区 10 号 11 号油品泊位工程（2 个 5 万吨级油品泊位）获交通运输部岸线批复；《5 万吨级航道工程建设方案》编制完成，管廊支架一期工程完成立项。小清河复航工程滨州段获得了省发改委立项和初步设计批复。滨州港一类对外开放口岸获得国务院批复。

# 第二节　山东港口物流效率评估

港口的物流效率是港口竞争力的主要表现方式，对山东省港口的物流效率进行测算可以较为清晰地把握山东省港口物流的现状。另外，通过与其他沿海省份的港口物流效率进行对比有助于发现山东省港口物流存在的短板和差距，为今后的发展提供方向。

由于研究关注的重点是港口的基础功能，即港口的装卸功能，为实现这一功能，港口需要一系列的工具，总的来说可以分为两类基础设施和专用装备，这些工具可以看作港口的投入变量。其中，基础设施包括泊位深度、泊位长度、码头面积、堆场面积、仓库面积等；而专用装备包括装卸设备的数量和能力。港口的产出则通过处理的集装箱量来衡量，通常以 20 英尺集装箱（TEU）作为计量单位。由于研究的目的是对投入产出比进行比较，因此需要首先确定衡量投入和产出的指标。根据港口的产权性质不同，衡量产出的指标也不尽相同。私营性质的港口基本以利益最大化为原则，因此利润是私营港口衡量产出的主要标准。公有性质的港口具有非营利的性质，同时由于受到政府的补贴，对利润的关注度较低，而对吞吐量、就业岗位更加重视。鉴于山东省港口的现状，选取吞吐量作为衡量港口产出的指标更为合适。在投入的指标方面有两种量化的思路。一种是以投入量为指标，如码头长度、泊位个数、员工人数等，采用这种方法的好处是数据获取比较方便，但由于指标间的量纲不相同，因此无法直接对不同生产要素间的产出效率进行对比。另一种是使用投入额，由于统一使用金额作为量化指标，不同投入要素间的投入有了相同的衡量标准，因此可以对不同要素的投入效率在相同的基准下进行对比。但相应地，由于使用要素投入成本作为指标，数据获取的难度较大。基于山东省港口的现状，一方面由于使用吞吐量作为衡量产出的指标，因此选择投入成本作为指标的意义有所降低，另一方面由于投入成本的数据较少，无法有效地反映全省港口的整体情况，因此采用投入量作为指标较为妥善。

在方法方面，选择随机前沿模型（SFA）进行评估。作为一种回归方法，SFA 可以估计出不同生产要素对产出的边际影响，这与研究的目的一致。具体模型形式和参数估计方法参照 Greene 在 2005 年发表的论文，函数设定和残差分布假设在此不再赘述，仅列出分析结果。变量的统计描述如表 4 - 1 所示。

表4-1　2001—2017年沿海省份港口投入产出指标统计描述

| 省份 | 指标名称 | 单位 | 均值 | 标准差 | 最小值 | 中位数 | 最大值 | 2017年 |
|---|---|---|---|---|---|---|---|---|
| 辽宁 | 货物吞吐量 | 万吨 | 23594.6 | 13126.4 | 2520.0 | 23583.5 | 45517.0 | 81784.0 |
| | 集装箱吞吐量 | 万TEU | 294.2 | 350.5 | 3.9 | 106.2 | 1013.2 | 1060.3 |
| | 码头长度总计 | 米 | 23918.2 | 13884.5 | 4929.0 | 19337.5 | 44978.0 | 64687.0 |
| | 泊位个数总计 | 个 | 137.3 | 85.8 | 30.0 | 97.0 | 248.0 | 341.0 |
| | 万吨级泊位个数总计 | 个 | 56.4 | 28.0 | 15.0 | 56.0 | 104.0 | 165.0 |
| | 生产用万吨级泊位个数 | 个 | 56.4 | 28.0 | 15.0 | 56.0 | 104.0 | 165.0 |
| | 生产用码头长度 | 米 | 21654.7 | 12284.0 | 4758.0 | 18603.5 | 41101.0 | 60076.0 |
| | 生产用泊位个数 | 个 | 121.1 | 75.8 | 26.0 | 84.5 | 223.0 | 309.0 |
| 广东 | 货物吞吐量 | 万吨 | 17062.3 | 16614.8 | 1309.0 | 11838.0 | 57003.0 | 90102.0 |
| | 集装箱吞吐量 | 万TEU | 320.7 | 484.1 | 0.0 | 55.9 | 1504.0 | 1672.0 |
| | 码头长度总计 | 米 | 21073.1 | 16895.3 | 6231.0 | 12395.0 | 54508.0 | 81794.0 |
| | 泊位个数总计 | 个 | 223.0 | 202.2 | 41.0 | 122.0 | 634.0 | 777.0 |
| | 万吨级泊位个数总计 | 个 | 34.6 | 19.3 | 8.0 | 30.0 | 76.0 | 131.0 |
| | 生产用万吨级泊位个数 | 个 | 34.1 | 18.9 | 8.0 | 30.0 | 73.0 | 128.0 |
| | 生产用码头长度 | 米 | 19038.8 | 15056.8 | 5587.0 | 10518.0 | 49686.0 | 75666.0 |
| | 生产用泊位个数 | 个 | 192.8 | 174.0 | 31.0 | 92.0 | 514.0 | 691.0 |

续表

| 省份 | 指标名称 | 单位 | 均值 | 标准差 | 最小值 | 中位数 | 最大值 | 2017年 |
|---|---|---|---|---|---|---|---|---|
| 海南 | 货物吞吐量 | 万吨 | 5054.1 | 3567.2 | 888.0 | 4855.0 | 11297.0 | 11297.0 |
| | 集装箱吞吐量 | 万TEU | 1087.6 | 536.8 | 264.0 | 1026.2 | 1830.0 | 1830.0 |
| | 码头长度总计 | 米 | 4476.5 | 2505.6 | 1719.0 | 4563.0 | 9576.0 | 9576.0 |
| | 泊位个数总计 | 个 | 37.7 | 17.0 | 15.0 | 34.0 | 69.0 | 69.0 |
| | 万吨级泊位个数总计 | 个 | 9.5 | 9.3 | 2.0 | 10.0 | 34.0 | 34.0 |
| | 生产用万吨级泊位个数 | 个 | 9.2 | 8.9 | 2.0 | 10.0 | 33.0 | 33.0 |
| | 生产用码头长度 | 米 | 4375.4 | 2421.7 | 1719.0 | 4372.0 | 9385.0 | 9385.0 |
| | 生产用泊位个数 | 个 | 37.1 | 16.6 | 15.0 | 34.0 | 68.0 | 68.0 |
| 江苏 | 货物吞吐量 | 万吨 | 11873.4 | 6639.9 | 3058.0 | 10843.0 | 20605.0 | 20605.0 |
| | 集装箱吞吐量 | 万TEU | 2563.7 | 1056.5 | 634.0 | 2800.6 | 4018.0 | 4018.0 |
| | 码头长度总计 | 米 | 10217.9 | 3544.1 | 6252.0 | 10455.0 | 15867.0 | 15867.0 |
| | 泊位个数总计 | 个 | 48.9 | 12.2 | 34.0 | 53.0 | 67.0 | 67.0 |
| | 万吨级泊位个数总计 | 个 | 38.1 | 11.9 | 25.0 | 38.0 | 57.0 | 57.0 |
| | 生产用万吨级泊位个数 | 个 | 38.1 | 11.9 | 25.0 | 38.0 | 57.0 | 57.0 |
| | 生产用码头长度 | 米 | 9843.2 | 3617.5 | 5803.0 | 10158.0 | 15570.0 | 15570.0 |
| | 生产用泊位个数 | 个 | 45.7 | 13.5 | 30.0 | 51.0 | 65.0 | 65.0 |

续表

| 省份 | 指标名称 | 单位 | 均值 | 标准差 | 最小值 | 中位数 | 最大值 | 2017 年 |
|---|---|---|---|---|---|---|---|---|
| 浙江 | 货物吞吐量 | 万吨 | 56070.8 | 29313.6 | 12852.0 | 57684.0 | 100000.0 | 100000.0 |
| | 集装箱吞吐量 | 万 TEU | 1135.6 | 803.9 | 0.0 | 1093.4 | 2464.0 | 2464.0 |
| | 码头长度总计 | 米 | 55682.8 | 32395.2 | 7144.0 | 66906.0 | 94452.0 | 94452.0 |
| | 泊位个数总计 | 个 | 504.8 | 274.1 | 63.0 | 683.0 | 734.0 | 701.0 |
| | 万吨级泊位个数总计 | 个 | 97.3 | 55.1 | 19.0 | 108.0 | 171.0 | 171.0 |
| | 生产用万吨级泊位个数 | 个 | 97.3 | 55.1 | 19.0 | 108.0 | 171.0 | 171.0 |
| | 生产用码头长度 | 米 | 53202.7 | 31464.7 | 5906.0 | 64630.0 | 89667.0 | 89667.0 |
| | 生产用泊位个数 | 个 | 450.5 | 256.8 | 38.0 | 607.0 | 703.0 | 613.0 |
| 福建 | 货物吞吐量 | 万吨 | 21639.0 | 6115.4 | 11167.0 | 24893.0 | 28770.0 | 24520.0 |
| | 集装箱吞吐量 | 万 TEU | 289.6 | 240.4 | 0.0 | 253.7 | 627.0 | 627.0 |
| | 码头长度总计 | 米 | 13865.9 | 3447.0 | 7888.0 | 15945.0 | 17246.0 | 17161.0 |
| | 泊位个数总计 | 个 | 76.2 | 16.1 | 49.0 | 86.0 | 92.0 | 92.0 |
| | 万吨级泊位个数总计 | 个 | 38.9 | 6.6 | 26.0 | 42.0 | 44.0 | 44.0 |
| | 生产用万吨级泊位个数 | 个 | 38.9 | 6.6 | 26.0 | 42.0 | 44.0 | 44.0 |
| | 生产用码头长度 | 米 | 12567.1 | 3441.3 | 6694.0 | 14750.0 | 15928.0 | 15928.0 |
| | 生产用泊位个数 | 个 | 55.4 | 16.3 | 29.0 | 66.0 | 72.0 | 72.0 |

续表

| 省份 | 指标名称 | 单位 | 均值 | 标准差 | 最小值 | 中位数 | 最大值 | 2017 年 |
|---|---|---|---|---|---|---|---|---|
| 山东 | 货物吞吐量 | 万吨 | 21536.1 | 13986.9 | 2190.0 | 20298.0 | 51031.0 | 120000.0 |
| | 集装箱吞吐量 | 万 TEU | 478.9 | 567.4 | 0.0 | 217.0 | 2010.0 | 2600.8 |
| | 码头长度个数总计 | 米 | 14496.7 | 6731.6 | 3518.0 | 13961.0 | 33680.0 | 82404.0 |
| | 泊位长度个数总计 | 个 | 66.8 | 31.9 | 25.0 | 59.0 | 205.0 | 406.0 |
| | 万吨级泊位个数总计 | 个 | 44.4 | 18.6 | 10.0 | 44.0 | 89.0 | 236.0 |
| | 生产用万吨级泊位个数 | 个 | 44.1 | 18.9 | 10.0 | 44.0 | 89.0 | 236.0 |
| | 生产用码头长度 | 米 | 13795.2 | 6450.9 | 3198.0 | 13018.0 | 32550.0 | 79847.0 |
| | 生产用泊位个数 | 个 | 61.1 | 30.0 | 18.0 | 53.0 | 195.0 | 389.0 |
| 上海 | 货物吞吐量 | 万吨 | 51559.3 | 15166.3 | 22099.0 | 50808.0 | 70542.0 | 70542.0 |
| | 集装箱吞吐量 | 万 TEU | 146.2 | 83.1 | 5.0 | 153.2 | 270.2 | 270.2 |
| | 码头长度总计 | 米 | 79765.5 | 48108.8 | 23555.0 | 110000.0 | 130000.0 | 110000.0 |
| | 泊位个数总计 | 个 | 768.6 | 492.4 | 174.0 | 1141.0 | 1238.0 | 1078.0 |
| | 万吨级泊位个数总计 | 个 | 127.5 | 45.5 | 71.0 | 148.0 | 188.0 | 181.0 |
| | 生产用万吨级泊位个数 | 个 | 123.9 | 41.5 | 71.0 | 148.0 | 174.0 | 172.0 |
| | 生产用码头长度 | 米 | 51474.9 | 26760.9 | 18912.0 | 72274.0 | 75161.0 | 72473.0 |
| | 生产用泊位个数 | 个 | 405.8 | 241.8 | 117.0 | 592.0 | 614.0 | 563.0 |

续表

| 省份 | 指标名称 | 单位 | 均值 | 标准差 | 最小值 | 中位数 | 最大值 | 2017 年 |
|------|---------|------|------|--------|--------|--------|--------|---------|
| 天津 | 货物吞吐量 | 万吨 | 36067.2 | 15222.1 | 11369.0 | 38111.0 | 55056.0 | 50056.0 |
| | 集装箱吞吐量 | 万 TEU | 110.9 | 120.5 | 0.0 | 72.3 | 322.0 | 322.0 |
| | 码头长度总计 | 米 | 28079.9 | 8775.3 | 13530.0 | 28004.0 | 39389.0 | 37634.0 |
| | 泊位个数总计 | 个 | 135.2 | 33.4 | 74.0 | 142.0 | 176.0 | 160.0 |
| | 万吨级泊位个数总计 | 个 | 83.2 | 26.4 | 50.0 | 80.0 | 122.0 | 122.0 |
| | 生产用万吨级泊位个数 | 个 | 82.3 | 25.1 | 50.0 | 80.0 | 117.0 | 117.0 |
| | 生产用码头长度 | 米 | 26547.9 | 8527.3 | 12631.0 | 26736.0 | 37133.0 | 35478.0 |
| | 生产用泊位个数 | 个 | 123.1 | 31.9 | 66.0 | 129.0 | 160.0 | 145.0 |

资料来源：万德数据库。

从表4-1可以看出，各省之间港口物流的生产规模差异较大，山东省在所有沿海省份港口产出规模位居第一，但省内港口之间产出水平差异较大，因此全省均值在各沿海省份中排名较低。回归结果如表4-2所示。

表4-2　　　　　　　随机前沿模型回归估计量

| 变量 | 系数 | Z 值 | P 值 | 95% 置信区间 |
|------|------|------|------|------|
| 码头长度 | 0.423 | 26000.000 | 0.000 | [0.423, 0.423] |
| 生产用码头长度 | 0.786 | 46000.000 | 0.000 | [0.786, 0.786] |
| 泊位个数 | -0.850 | -46000.000 | 0.000 | [-0.850, -0.850] |
| 生产用万吨级泊位个数 | 0.421 | 30000.000 | 0.000 | [0.421, 0.421] |
| 无效率项 | | | | |
| 码头长度 | -2.567 | -5.930 | 0.000 | [-3.414, -1.719] |
| 泊位个数 | 1.089 | 2.930 | 0.003 | [0.359, 1.818] |
| 常数项 | 17.927 | 7.080 | 0.000 | [12.966, 22.888] |
| 残差项 | | | | |
| 常数 | -40.141 | -0.120 | 0.903 | [-686.653, 606.372] |
| 无效率均值 | 0.489 | | | [0.438, 0.540] |
| 残差均值 | 0.000 | 0.010 | 0.995 | [7.900E-15, 4.700E+13] |

从表4-2可以看出模型回归结果非常好，泊位个数对产出的影响为负，但生产用万吨级泊位影响为正，说明泊位的利用效率较低。

从表4-3可以看出山东省港口物流效率还有待提升，尽管总量规模较大，但个别港口效率偏低影响了整体效率水平。

表 4 – 3　　　　　　　　　　各省港口物流效率

| 省份 | 均值 | 标准差 | 最小值 | 中位数 | 最大值 | 排名 |
|------|------|--------|--------|--------|--------|------|
| 上海 | 0.889 | 0.111 | 0.656 | 0.934 | 1.000 | 1 |
| 浙江 | 0.857 | 0.089 | 0.762 | 0.826 | 1.000 | 2 |
| 天津 | 0.844 | 0.151 | 0.495 | 0.899 | 1.000 | 3 |
| 福建 | 0.841 | 0.110 | 0.616 | 0.834 | 1.000 | 4 |
| 辽宁 | 0.757 | 0.217 | 0.231 | 0.765 | 1.000 | 5 |
| 海南 | 0.731 | 0.189 | 0.348 | 0.778 | 1.000 | 6 |
| 山东 | 0.711 | 0.221 | 0.232 | 0.773 | 1.000 | 7 |
| 广东 | 0.683 | 0.273 | 0.108 | 0.780 | 1.000 | 8 |
| 江苏 | 0.668 | 0.224 | 0.299 | 0.724 | 1.000 | 9 |

# 第三节　山东省港口整合经验借鉴

港口整合是一项复杂的系统性工程，在利益分配、发展定位上难免出现不同的声音。如何更大程度地实现资源共享、优势互补，形成分工合理、协同配合的利益共同体，考验的是组织者和各个参与方的智慧与格局。

根据港口特征制定差异化的发展模式。山东省港口众多，腹地交叉，在整合过程中，应根据港口的区位特征制定相应的发展策略。依照山东省港口整合"三步走"的方案，山东渤海湾港口集团目前已经完成了对东营港、潍坊港、滨州港的整合工作。由于上述三港均位于渤海湾内，距贸易主航道较远，但距离腹地较近，在腹地货源集散方面具有先天的优势。同时，渤海湾港口的内河航道条件较好，且中欧班列过境其腹地，其控股公司山东高速具备协调腹地运输资源的雄厚实力。因此，渤海湾港口更适合通过"水水中转""铁海联运"的方式，构建高效便捷的港城交通网络，实现港口与腹地的协同发展。

在地方港口方面，青岛港具有一流的集装箱装卸能力，在整合威海港后，在东北亚方向拥有了更为便利的出海口；烟台港在几内亚博凯内港的矿石码头投资项目也取得了巨大成功，日照港铁矿石吞吐量常年居于全国首位。上述三港在外贸出海通道，航线布局和货源集散方面均具有自身先天优势，通过港航协作，能够进一步拓展港口的航线覆盖范围，提升港口效率，形成分工合理、高效协同的港口格局。

建立大型综合物流联盟，通过联动机制放大整合效果。从供应链的角度建立综合物流联盟，可以使港口集团和上下游产业实现双赢，通过建立价格优势，吸引更多的货源，拓展港口腹地，提升各港对整合效果的预期。一方面，由整合后的港口集团提供货源保障，由合作企业提供价格支持，通过签署长期合作协议共同建立稳定持续的物流价格体系，降低供应链整体成本。另一方面，以供应链合作的方式提升港口对上下游企业的融合能力，通过联动机制放大整合后的规模效应，并进一步强化港口的核心竞争力，以协作的方式提升效率，实现港口的多功能集成。

采用地主港模式提升港口的经营绩效。地主港模式是未来港口经营的发展趋势，同时也是发挥港口整合优势的最佳选择。建议在产权归属不变的情况下，由山东港口投资控股集团公司作为特许经营机构，将港口码头租给国内外港口经营企业或船公司经营，并收取一定租金用于港口建设，实现产权和经营权的分离。山东港口投资控股集团公司作为"地主"，拥有山东全境的港口所有权，在与承租方进行博弈时，能更好地发挥整合优势，争取更大利益。

# 第四节　山东港口物流业发展对策建议

## 一　优化港口物流企业的行为模式

建议港口业的物流优化应注重港口的战略调整以及整合资本的投

入力度和风险控制。

（一）从供应链角度出发优化港口竞争策略

一是建议港口部门根据腹地的货源结构调整自身资源配置和能力建设。通过了解腹地商品的物流特征，尤其是商品在物流全过程中的成本结构，再对照商品的市场需求特征，发现商品在物流过程中需要改善和提升的环节，或者针对特殊需求开发新的物流业务。二是协调与周边港口的竞争关系，对发展方向进行合理定位。通过供应链分析明确港口自身的竞争优势，对照相应的腹地商品结构，合理规划港口未来发展路径。根据港口的区位优势、制度优势、规模优势、成本优势等特征，按照特点突出、优势互补、错位发展的原则，通过合理分工、资源共享实现港口间的互利共赢。

（二）加强与供应链上下游企业之间的协调与合作

一是建立持续稳定的合作关系。港口作为供应链的最终动力源，驱动了整条供应链的运行，必须从全局发展的角度，与港口供应链上下游企业建立长远的合作伙伴关系，风险共担、利益共享，并且引导供应链上的其他节点企业。加强与港口企业相关的第三方物流企业、船公司和各种类型的货主企业等节点部门的联系，使供应链上的节点企业共同获利，使港口企业的供应链管理有效地延伸和发展，提升整条港口供应链的竞争力。二是建立面向客户的港口服务供应链。强化物流服务提供商与物流服务使用者之间的沟通与联系，适时成立港口联盟。

（三）建立健全供应链信息共享机制。

一是构建统一的实时信息共享平台。信息的及时获取是供应链整合的前提，港口作为多种物流功能汇聚的节点，在信息的收集方面具有特有的优势。借助物流信息获取的便利，港口可以发挥中央处理器的功能，对收集的物流信息进行处理，提供最佳物流解决方案。通过对供应链全程进行优化，提升节点的竞争优势，强化支点港口对"21世纪海上丝绸之路"供应链流程的设计能力。二是对信息公开的比例和程度制定相应标准，满足相关利益方对信息的要求。

## 二 从港口整合向港口供应链整合拓展

（一）加强顶层设计，尽快出台港口供应链整合总体规划

总体规划的制定可以统一各港口对整合的认识，形成合力，以制度化的方式消除整合的内部压力。港口资源整合是一项复杂的系统工程，应根据总体发展战略，统筹各方资源，制定整合方案，推动形成涵盖港口中转、海上运输、陆上运输、航空运输和临港产业的综合物流体系。同时，对接《全国海洋主体功能区规划》，打造向海经济，做强海洋生命健康、海洋高端装备、海水利用、绿色海洋化工等产业。

（二）借助港产城整合强化港口集团对整合的调控能力

通过港产城整合发展，可以解决由于港口集团弱小而调控力度不足的问题。针对港口经营主体成分复杂的现状，建议按照港产城整合发展的方式，由市人民政府、港口集团和当地相关企业联合出资，确保港口集团对港口经营性资产的绝对控股。此外，针对由于部分港口经营主体成分复杂的问题，建议保留某一合资公司的外资股权，而对国资部分股权进行整合。

（三）立足于"21世纪海上丝绸之路"定位，协同互补、错位发展

因此，在产能转移方面可以考虑适当向"21世纪海上丝绸之路"方向倾斜，实现资源的优化配置。在港口功能定位方面，主线港应着重加强港口与主要贸易航线的对接，利用大数据和云计算技术，使港口从以装卸功能为主向全程物流设计拓展。支线港重点关注腹地货源的集散，利用整合后转运业务的提升机会，加快培育仓储、配送以及简单加工等衍生业务。

## 三 构筑"蓝色伙伴关系"，打造港口"朋友圈"

（一）蓝色理念为各方开展合作提供了良好的基础

"蓝色伙伴关系"中蓝色的含义，不仅包含海洋区位和涉海产业的概念，同时也是一种经济形态。从蓝色经济，蓝色家园等诸多与蓝色理念相关的表述中可以发现，蓝色理念代表了一种新型的人与自然之间的关系。从绿色发展理念，到可持续发展观，世界各国一直在寻

找人类经济活动与生态环境保护之间的平衡点。以绿色 GDP、环境承载力为核心的绿色发展理念强调的是将人类的经济活动控制在环境的最大承载能力之内，确保自然生态不会受到不可逆的破坏。可持续发展理念在其基础上提出了代际均衡的思想，即不仅要将人类活动对自然的影响控制在可承受的范围之内，还要保证未来社会能够享有与当前相同的自然环境、资源和禀赋。而蓝色理念则是从源头出发，使人类活动能够契合自然规律，从而构建一个能够健康发展的人与自然的和谐关系。"21 世纪海上丝绸之路"沿线的发展中国家较多，资源与环境问题相对突出（郝艳萍、王圣，2019），在中国—东南亚国家海洋合作论坛及中国—小岛屿国家海洋部长圆桌会议等多个以"21 世纪海上丝绸之路"国家为主的国际会议中，以蓝色经济发展、多边海洋合作、全球海洋治理为主要内容的"蓝色伙伴关系"得到了与会各方的一致赞同，这说明蓝色发展理念在"21 世纪海上丝绸之路"国家中具有广泛的基础，同时，"蓝色伙伴关系"的构建也为"21 世纪海上丝绸之路"建设增添了新的内涵。

（二）伙伴的定位更好地诠释了港口供应链各部门之间的合作关系

港口供应链融合包含两个方面的内容，首先是港口供应链各节点之间的整合，即内陆运输部门、港口和船公司之间的业务合作。从物流运输的发展趋势可以看出，任何物流节点部门的竞争优势都必须建立在与之相关联的供应链整体实力上。举例来说，如果腹地港口的装卸效率和通达性无法满足市场需求，即使内陆运输部门提供的服务在价格和质量上的优势再明显，也无法获得充足的货源和市场份额，这与"21 世纪海上丝绸之路"沿线国家的情况十分相似，即上下游行业产能严重失调（李大海等，2017）。其次，行业内部的整合也在同步进行，从 20 世纪 90 年代开始，船公司开始主导组建一种新型的联盟关系，以逐级整合（较少的资产重组）的方式，通过提供更密集的航运频次和更广的航运到达范围，建立一种以用户为导向的供应链服务模式。不同于以规模效应最大化为目的的整合，这种新型联盟关系专注于获得更快的市场拓展速度和附加值创造能力。与以往的兼并、收购等深度整合模式相比，这种在供应链框架下进行的合作突出了各参与方以长期利益为目标的战略伙伴关系（何广顺，2017）。

在实现了内部节点相互协调的基础上，以供应链为基本运营单位的海运物流行业才能进行更高层次的融合，即供应链与供应链之间的融合。通常情况下，以个体利益最大化为目标构建的团体，尽管相互合作情况下的收益总和更大，但当外部干扰因素出现时，收益的不确定性将导致各参与方选择不合作的策略。要保持结果的稳定需要做到两点，一是博弈方之间具有充分的信任，或者在违反协定后有足够大的惩罚措施；二是使合作后的个体利益大于不合作情况下的收益。因此，伙伴关系的确立一方面使各参与方拥有了对未来目标的共同预期，减少了外部因素的干扰，另一方面也减少了收益的不确定性（Hong C.，2015）。

（三）"蓝色伙伴关系"理念有助于部门间的差异化合作

"21世纪海上丝绸之路"沿线国家港口差异较大，同时产权结构复杂，存在一定的融合难度，以"蓝色伙伴关系"为理念的供应链融合可以规避大部分的深度整合导致的成本和收益分配问题。

通过对港口供应链融合行为的理论分析可以发现，融合后各节点的物流成本转变为内部成本，而在供应链视角下，这种变化意味着供应链内部交易环节的消失，并使供应链的总体收益增加。同时，整合的效果取决于节点之间的成本差异，差异越大，整合后的效果越明显，并且增长是指数型的。但当整合规模扩张到部门的经营成本接近行业均值时，整合效果将逐渐减弱，这意味着整合程度对整合效果的影响具有门槛效应（Halim、Kwakkel、Tavasszy，2016）。即供应链的融合效果会随融合程度的加深出现结构性变化，当部门之间的成本差异较大时，整合能够发挥更大的效果，这种成本上的差异同时也意味着机会成本的差异，即整合行为使双方能够更好地发挥自身的比较优势，使资源得到更好的配置。

# 第五章　山东海洋治理体系和海洋治理能力建设研究

## 第一节　建设背景及意义

### 一　背景

（一）推进国家治理体系与治理能力现代化成为新时代执政理念和治国方略

中国特色社会主义步入新时代，标志着我国经济社会发展进入了一个新的历史时期，国家治理体系与治理能力也迎来了新的要求与挑战。

党的十八大提出，推进国家治理体系和治理能力的现代化。这是以习近平为总书记的党中央遵循人类发展规律和社会主义建设规律，立足于中国社会主义现代化建设所取得的辉煌成就和所面临的形势与任务提出的战略部署（王琪，2018）。

作为一个海洋大国，海洋治理的地位和作用愈加突出。而且发展海洋事业、加快海洋强国建设，更需要现代化的海洋治理体系和治理能力来推动和保障。

（二）国家海洋管理机构的改革为山东海洋治理建设指明了方向

面对新时代新任务提出的新要求，党的十九届三中全会提出，改革党政军群机构，使党和国家机构的设置和职能更加科学和优化。

2018 年国务院成立自然资源部，统筹相关涉海机构及其职能划分。随后，地方也相继设立相应的涉海机构。①

海洋作为高质量发展的战略要地，此次海洋机构的改革为海洋强国建设提供了战略支撑，也为地方政府的海洋治理建设指明了方向。此次机构改革不但形成了统一高效的领导体制，更有利于各省精准把脉、精准施策，集中优势资源，聚焦重点领域，突破关键环节，用好海洋资源，深耕海洋经济，做好经略海洋这篇大文章，促进海洋强国建设迈出新的步伐。

（三）山东海洋强省建设从战略规划阶段转入全面实施阶段

2013 年 11 月，习近平总书记视察山东，指出充分利用沿海区位优势，大力发展开放型经济；在东部重点发展蓝色经济与高效生态经济，创造新的经济增长极。2018 年 3 月，习近平总书记强调，要发挥山东的海洋优势，努力发展海洋经济，为国家海洋强国建设做出山东独特贡献。

为了进一步深入贯彻落实习近平总书记海洋强国战略思想和重要指示要求，2018 年 5 月山东召开海洋强省建设工作会议，出台了《山东海洋强省建设行动方案》，在全国首次提出智慧海洋行动，提出到 2035 年，基本建成与海洋强国战略相适应，海洋治理高效的海洋强省，这标志着山东海洋强省建设从战略规划阶段转入全面实施阶段。

## 二 重要意义

（一）海洋治理体系和治理能力是政府治理体系和治理能力的重要组成

作为国家治理体系和治理能力的重要组成部分，海洋治理体系和治理能力不仅要突破概念的变化，更需要理论与实践相结合，并从多

---

① 在十三届全国人大一次会议第四次全体会议上，根据《国务院关于提请审议国务院机构改革方案》，国家海洋局（海洋战略规划与经济司、海域海岛管理司、海洋预警监测司、海洋权益司）主体职责并入自然资源部，海洋环境保护职能并入生态环境部（以下简称"环境部"），海警则编入武警序列，不再保留国家海洋局，自然资源部对外保留国家海洋局牌子。随后从中央到地方的机构改革如期推进，海洋管理职能也从上到下进行了重新整合。

角度、多层次来加以认识和把握。推进海洋治理体系和治理能力现代化，实质上是基于山东省海洋实情，由"管海"到"治海"，实现海洋治理主体的变化，提升海洋治理水平的创新性改革，具有重大现实意义（魏艳、朱方彬，2018）。

（二）推进海洋治理体系和海洋治理能力建设是建设海洋强省的行动纲领

山东发展的最大优势和潜力在海洋。作为海洋大省，在海洋资源和海洋产业以及海洋科技等方面优势突出，在加快海洋强国建设大局中具有举足轻重的地位。山东站在新的历史起点上，秉持更宏大和开放的格局，加快迈向海洋强省，为海洋强国建设贡献山东担当。因此，探索海洋治理体系和治理能力现代化措施，建立健全一套系统科学、有效的海洋治理体系，成为当前山东省海洋事业发展亟须思索探寻的重大问题。

# 第二节　内涵、发展趋势及特征

## 一　内涵

（一）海洋治理概念的形成及其内涵

1. 治理理念的兴起

治理（Governance）是现代政治学的一个范畴，20 世纪 80 年代，治理理念开始为人们所提倡。进入 90 年代被世界银行、国际货币基金组织等国际组织所重视以后①，在全球范围内逐步兴起。治理理论具有以下特征：一是从行为主体上，打破了传统管理行为主体主要是政府或公共机构的单一格局，形成了多方共同参与治理的多元格局。二是从治理权力上，要求参与治理的多元主体基于平等地位，通过谈

---

① 它们鼓励发展中国家运用现代治理理论改革本国治理模式，并以"责任性、透明度、公共部门运作的效率、法治，以及有序的政治互动"等特征评判受援助国是否达到良好的治理状态，以决定是否提供援助。

判、协商和妥协达成治理目标的共识，实现协同治理。三是从治理行为方式上，强调多元主体通过协商和合作对公共事务进行有效管理（俞可平，2018）。

2. 海洋治理的内涵

随着治理理念在全球层面的扩展，海洋管理范围的日益扩大以及管理对象的日益复杂，海洋管理面临着由传统的行政管理向公共治理的转变。其主要表现一是制度治理，包括强调建立相适应的法律环境和完善政府的管理并提高效率；二是支持公众社会发展，提高公众参与治理的能力①。

我国学者孙悦民（2015）认为海洋治理是海洋管理实践活动发展的一种理念突破。海洋治理作为公共治理的一种新型范式，是在海洋管理基础上发展而来，是指为实现人海和谐与海洋的可持续发展，政府、政府间组织、非政府组织、企业、民众等多元主体通过协商与合作，共同解决各种海洋问题并依法规范人们涉海实践活动的过程。从海洋治理的内涵可以看出，与传统的海洋管理相比，海洋治理具有以下特征：首先，从"海洋管理"到"海洋治理"，体现的是治理主体由单一的政府到包括政府及公众的多元主体的转变。多个主体形成相互合作、监督、相辅相成的治理体系。其次，从"海洋管理"到"海洋治理"，反映的是治理方式由人治向法治的转变。"治理"强调多元主体的相互协调和合作，因此，需要法治作为协调关系的重要基础并推动治理的法治化。最后，从"海洋管理"到"海洋治理"，需要治理能力和水平的不断提高。因此，应努力提升政府的治理能力并激发公众参与治理的积极性。

（二）海洋治理体系与治理能力的关系

海洋治理体系主要涵盖了治理主体、治理功能和治理手段等内容。海洋治理能力是指政府部门管理海洋事务的具体能力。海洋治理

---

① "公众参与"一般常出现在行政法中，是指在行政的立法、决策过程中，政府部门相关主体允许、鼓励一般社会公众和利害关系人，对立法、决策中涉及的公共利益或者与其利益相关的重大问题，以提供信息、发表评论、表达意见、阐述利益诉求等方式参与立法、决策过程，从而提升行政立法和决策的公正性、合理性和正当性的一系列机制和制度。

体系和治理能力相辅相成，科学的海洋治理体系可提升海洋治理能力，而海洋治理能力的持续提升为海洋治理体系的效能提供基础和动力。

现阶段，我国面临着海洋治理体系不完善、海洋治理能力不足的问题，国家涉海机构之间需要理顺关系，全民海洋意识也有待提高。因此，应积极学习和借鉴国外海洋治理的先进经验，完善我国海洋立法，为海洋治理奠定基础并推动构建中国特色的海洋治理体系。

**二　海洋治理的发展趋势及特征**

（一）治理模式：从"管理"到"治理"并走向"服务"

在传统管理模式中，政府作为单一主体，通过公权力来实现控制与管理。而治理的主体是不仅包括政府，也包括公众，多个主体构成相互监督、合作共治。服务是政府为民众提供各种公共服务。随着社会的多元化及海洋的可持续发展，政府的海洋管理模式加速转变为治理模式并走向服务①。

1998 年国务院改革首次把"公共服务"确立为政府的基本职能以来，党的十六大和十七大，进一步明确了服务型政府的内涵和相应政策体系。特别是党的十八大明确了"加快健全基本公共服务体系"的具体要求。

（二）治理范围：从"海洋"到"陆海统筹"

"陆海统筹"是指综合考虑海、陆的内在联系和资源特点，把海陆地理、经济等各种系统视为统一体，实现区域科学发展、和谐发展的模式。

近年来，我国稳步强化陆海统筹的战略地位，陆海统筹已成为建设中国特色海洋强国的重要内容。2010 年"陆海统筹"首次纳入国家海洋经济发展"十二五"规划以后，党的十八大和十九大报告都强

---

① 经过多年的行政改革，我国政府管理模式发生了根本性改变，例如从"以政府为中心"向"以人民为中心"转变；从"权力主体"向"责任主体"转变；从无限政府向有限政府转变；从自上而下的单方面的行政管理向以政府为主导的协商、对话、合作多元主体共同治理的方向转变；从依靠"长官"意志行政向依法行政转变；从以行政手段为主向以法律手段、经济手段为主行政手段为辅的方向转变；从注重经济增长向注重社会公平转变。

调了陆海统筹的重要性并将其上升到国家战略。

（三）治理方式：从"人治"走向"法治"

在人治模式中，政府治理重政策轻法制，且政策往往是由少数人组成的领导层所制定，而法治是指依赖于法律，使政府行为合法化、规范化。中国特色社会主义步入新时代，建设法治型政府具有重要意义（胡志勇，2018）。

党的十八大以来，我国把建设法治政府作为重要目标之一，作出了具体要求和部署。法治海洋作为中国特色社会主义法治体系的重要组成部分，提高海洋法治化水平，对于加快建设海洋强国具有深远意义。

（四）治理格局：从"封闭"走向"透明"

封闭意味着政府行政行为脱离社会实际，缺失有效监督约束及社会责任感。而政府工作过程的透明、公开以及公众参与是政府行政民主化的必然趋势。

党的十七大报告提出决策的民主化、科学化以及增强决策透明度和公众参与度以后，党的十八大报告也强调了涉及群众切身利益的决策，都要充分听取群众意见。

海洋治理的公众参与是政府进行海洋治理的基石，有利于海洋政策的顺利实施以及社会的和谐稳定。近年来，我国通过政府报告、国家政策文件等肯定了公众参与海洋治理的重要性。比如《中国海洋21世纪议程》《国家海洋事业发展规划纲要》等，强调了建立和完善海洋管理的公众参与机制。

# 第三节　国内外经验借鉴或启示

## 一　国外经验借鉴

20世纪90年代以来，主要海洋国家积极通过健全海洋法律法规体系、完善涉海管理体制、保障公众参与机制，促进本国海洋事业的发展。

（一）美国

美国是传统海洋强国，全国 50 个州中，有 30 个州与海为邻。美国政府高度重视海洋事务，不断完善海洋管理体制，从以行政区域划分为主的管理模式到强化职能管理模式，再到海洋综合治理模式，经历了一个发展演变的长期过程。

1. 海洋法律法规体系

美国是世界上制定海洋法律法规最多的国家之一，具有比较健全的海洋法律法规体系。1972 年随着《海岸带管理法》的颁布，海岸带综合管理正式成为国家职能的一部分，该法标志着海洋管理从单一行业管理转向全面综合治理。2000 年出台的《海洋法》是最重要的综合性海洋立法，该法为美国在 21 世纪出台新的海洋政策奠定了法律基础（沈杰，2016）。

此外，依据联邦政府管辖权制定的主要法规有《外大陆架土地法（修正案）》《海岸带管理法》《深海底硬矿物资源法》等。这些法规为美国实施海洋管理措施提供了法律依据。

作为联邦制国家，沿海各州政府也相应制定了海洋法及海岸带管理条例，并成立了海岸带管理机构。比如马萨诸塞州于 2008 年制定了《马萨诸塞州海洋管理计划》为实施管辖海域治理奠定了法律依据。

2. 海洋行政管理体制

美国作为联邦制国家，海洋管理上采取联邦和州政府分权管理模式①。目前，美国海洋管理体制主要由统筹协调、海洋综合管理、涉海行业管理、海上统一执法四个部门构成。

一是统筹协调机构。主要指国家海洋委员会。它负责统筹和协调政府涉海部门的海洋管理工作并制定和执行国家海洋政策。

二是海洋综合管理机构。国家海洋和大气管理局（NOAA）是海

---

① 按照相关法规，沿海各州负责离岸 3 海里内海域的立法和管理；联邦政府各行政机构按照职能分工负责从 3 海里起到 200 海里专属经济区水域的管理。目前，美国已经在沿海建立了国家海洋行政机构和地方海洋管理机构，形成了联邦、州和地方市县三个层面的海洋管理体制。

洋综合管理及海洋科研的主要职能部门。它的主要职责是海洋、海岸带以及大气环境的评价和预报，海洋资源及海域管理，海洋科研和教育等（戴为卿等，2016）。

三是涉海行业管理机构。主要分散于各个职能部门，包括运输部、内政部、国土安全部等20多个机构。其中运输部负责海上运输、造船和修船业发展；内政部则负责海域的油气资源以及海底矿物资源的勘探、评价和环境研究等。

四是海上统一执法机构。海岸警卫队是美国独一的海上综合执法机构，前身是海上缉私队，成立于1790年，1915年被正式命名为海岸警卫队，在2003年3月转属于新成立的国土安全部。根据2002年颁布的《国土安全法》，其主要职责包括：海事运输安全、海上治安和海上管理。

3. 公众参与机制

《美国联邦行政程序法》《情报自由法》《阳光下的政府法》等对行政信息公开及行政机关听证会议等作了明确规定。上述法律与美国宪法相关修正案共同形成了美国重大行政决策公开及公众参与的法律保障体系。另外，美国《海洋法》中，也规定了有关公众参与的具体内容。2008年马萨诸塞州在《马萨诸塞州海洋管理计划》的编制过程中也广泛听取了社会各界的意见，反映了利益相关者的需求。

（二）日本

日本作为岛屿国家，国土狭长，其海岸线长达3.39万千米，管辖海域（包括内水、领海及专属经济区）总面积约447万平方千米，排名全球第6位。因地理资源环境及对外贸易等因素，日本一直以来高度重视海洋问题，积极构建和完善海洋体制与法制。

1. 海洋法律法规体系

日本作为亚太地区的海洋强国，在海洋立法方面走在世界前列。20世纪70—90年代，日本先后通过了《领海法》《排他性经济水域及大陆棚相关法律》《海岸法》等主要海洋法律。进入21世纪后，又先后制定了《海洋基本法》《海洋构筑物安全水域设定法》《处罚与应对海盗行为法》等（王竞超，2018）。其中2007年4月开始实施的

《海洋基本法》作为统领日本海洋开发、利用和保护领域行为规范的基本大法,为海洋事业的发展提供了根本性的法律保障。该法明确申明"海洋立国"并规定每五年一个周期由政府制定《海洋基本计划》,作为当期指导、制定与实施海洋政策的基本方针。

2. 海洋行政管理体制

日本实行分散式海洋管理,其海洋行政管理体制主要由海洋统筹协调机构、涉海行业管理部门、海上统一执法部门等构成。

一是海洋统筹协调机构。2007 年依据《海洋基本法》的授权,日本政府设置了内阁总理领导的综合海洋政策本部。综合海洋政策本部超越部门利益、体现一元化中央集权管理权威、负责国家海洋战略(包括《海洋基本计划》)的决策、指挥和协调。

二是涉海行业管理部门。2001 年实施行政机构改革以后,由国土交通省、农林水产省、内阁官房等 8 个涉海部门分别管理。其中内阁官房作为综合海洋政策本部的事务局,负责管理日常行政事务,联系中央各省厅、地方自治体、独立行政法人、学术研究机构、资源管理和技术开发团队,发挥枢纽型的关键作用。国土交通厅基本职责包括海事港航、海上保安及海上交通安全、海洋污染以及海岸带管理等。另外,农林水产省主要负责渔业等。

三是海上统一执法部门。海上保安厅是日本海上综合执法机构,是仿效美国海岸警卫队体制,于 1948 年建立。依据《日本海上保安厅法》,其职责包括:海上治安与防灾减灾救助、海洋调查与维护海洋权益等。

3. 公众参与机制

日本通过《日本行政程序法》《日本信息公开法》等,将重大行政决策纳入了调整范围并明确行政信息的提供及公证会召开事项等,从而保障了公众参与。另外,海洋基本法及海洋基本计划强调了国民理解和支持下实施海洋政策的重要性,为公众参与海洋治理奠定了坚实的基础。

(三)韩国

韩国是三面环海的半岛国家,拥有 3400 余个岛屿和 15000 千米长的海岸线。其海域管辖面积（包括领海及专属经济区）达 43.8 万平方千米。

1. 海洋法律法规体系

韩国的海洋立法较为全面，在制定法律后陆续出台施行令和施行规则，不仅形成了较为完善的体系，也使海洋管理部门有法可依，为海洋管理的有序开展提供了重要的法律基础。目前，韩国的海洋法律法规多达 110 多部，总体可分为涉及领海和毗连区、专属经济区、大陆架相关法律；机构设立相关法律；涉及渔业、港航、海洋环境保护等多个领域的相关法律等。主要法律有《沿岸管理法》《海洋水产发展基本法》《海洋海底矿物资源开发法》等。其中，2002 年制定的《海洋水产发展基本法》作为基本大法处于优先地位，在制定或修订有关涉海法律时，均应符合基本法的目的和基本理念。依据该法政府成立海洋发展委员会并每 10 年一个周期制定《海洋水产发展基本计划》，作为制定与实施海洋政策的基本方针。

另外，韩国沿海各地方政府都有独立的立法权，相关立法主要集中在海洋产业发展及支援等领域。比如韩国最大的海洋城市釜山先后制定了《海洋产业发展条例》《海洋科技发展及支援条例》《邮轮产业发展及支援条例》《海洋休闲发展及海洋旅游振兴条例》《渔业渔村发展支援条例》等，为发展和扶持海洋产业提供了法律依据。

2. 海洋管理体制

韩国是世界上首个实行海洋综合管理的国家，其海洋管理体制主要由统筹协调机构、海洋行政综合管理机构、海上统一执法机构等组成。

统筹协调机构。2002 年依据《海洋水产发展基本法》的授权，韩国政府设置了以海洋水产部长官为委员长，各相关部委次官参加的海洋水产发展委员会。其主要职责包括国家海洋发展政策的决策、指挥和协调。依据基本法规定，具体负责审议《海洋水产发展基本计划》、国家海洋开发政策、海洋产业发展政策、海洋空间管理政策等。

海洋行政综合管理机构。1996 年韩国政府整合涉及渔业和港航等涉海机构的海洋管理职能，成立了海洋水产部。作为统一的海洋综合管理机构，其职责包括港航运输、海事安全、海洋产业发展等。海洋水产部对海洋事务享有最高领导权和统一管理权，有利于提高海洋综合管理效率。

海上统一执法机构。海洋警察厅是韩国海上综合执法机构，前身为海洋警察队，始建于1953年，1991年改称为海洋警察厅。依据《海岸警备法》等，其主要职责包括：领海警备巡逻、海难搜救、维护海洋权益、应对海上突发事件以及海上反恐等。

3. 公众参与机制

主要是通过《国会法》和《行政程序法》1996年的规定，依法保障公众参与海洋相关立法及海洋规划的制定。另外，在《海洋空间规划与管理法》中规定，编制规划过程中，设立由当地居民、利害关系人、专家组成的海洋空间管理地区协议会，对规划草案，征求意见。

（四）启示

美国、日本、韩国等主要海洋国家的海洋管理逐渐发展为海洋治理。这些国家的海洋治理模式有所差异，但总体上具有以下共同特点：

一是健全了海洋法律法规体系，尤其是以海洋法（或海洋基本法）为中心，构建了有机统一并可协调涉海法律关系的法律体系，为海洋战略与政策的实施提供了坚实的法律依据。

二是建立了政府海洋管理职能机构和海洋统筹协调机制。主要是中央层次上设立高级别海洋统筹协调机构，负责国家海洋战略与政策的决策、指挥和跨部门、跨地区协调。

三是实行集中统一的海上执法队伍。依据法律，建立统一的海上执法机构，降低了执法成本、提高了执法效率、增强了快速应对能力。

四是注重公众参与实现主体的多元化。尤其是通过立法保障公众参与，体现了民主的核心价值并保障了海洋管理的科学性和相关政策的顺利实施。

这些特点也是当今海洋治理的潮流和趋势，具有借鉴意义。

## 二 国内经验借鉴

### (一) 沿海地区海洋行政机构改革现状

2018 年国务院机构改革以后，地方海洋管理机构陆续成立，配合国家海洋机构的管理活动。广西组建海洋局，由自治区自然资源厅管理，专门履行海洋管理等职责。另外，组建了人民防空和边海防办公室和北部湾经济区规划建设管理办公室。福建在原省海洋与渔业厅的相关职责基础上，组建了省海洋与渔业局（段忠贤、刘强强，2018）。

海南组建省自然资源和规划厅并加挂了省海洋局牌子。河北、浙江、广东也分别组建省自然资源厅并加挂了省海洋局牌子。天津和上海则分别组建了规划和自然资源局（见表 5 - 1）。

表 5 - 1　　　　　　　　　各地区新组建海洋机构一览

| 地区 | 新组建海洋机构 | |
| --- | --- | --- |
| 山东 | 自然资源厅 | 海洋局 |
| 广西 | 自然资源厅 | 海洋局 |
| 福建 | 自然资源厅 | 省海洋与渔业局（省政府直属） |
| 海南 | 自然资源厅 | 海洋局（加挂牌子） |
| 河北 | 自然资源厅 | 海洋局（加挂牌子） |
| 浙江 | 自然资源厅 | 海洋局（加挂牌子） |
| 广东 | 自然资源厅 | 海洋局（加挂牌子） |
| 天津 | 市规划和自然资源局 | 市海洋局（保留） |
| 上海 | 市规划和自然资源局 | 水务局（海洋局） |
| 辽宁 | 自然资源厅 | |
| 江苏 | 自然资源厅 | |

资料来源：《沿海 11 省区市机构改革方案：新组建海洋机构一览表》，搜狐网，http://www.sohu.com/a/275446572_726570，2018.11.14。

### (二) 主要沿海省市区海洋管理机构及职能

#### 1. 广西壮族自治区海洋机构设置及职能

自治区海洋局由自治区自然资源厅管理，其主要职责是：一是监督实施海洋战略规划，推动海洋经济发展以及负责海洋经济的统计、相关核算和发布工作等。二是推进海洋科技发展。制订并实施海洋科技创新和人才培养规划以及开展海洋综合管理对外交流合作等。三是海域海岛的保护与管理。实施海域和海岛区划规划制度、用海用岛许可制度、海域和无居民海岛有偿使用制度等。四是参与实施海洋生态、海域海岸带和海岛修复政策、制度、规划、标准，配合实施海洋生态红线制度、海洋生态修复有关重大工程。指导市县海洋生态修复工作。五是负责海洋观测预报、生态预警监测和防灾减灾体系建设，拟订海洋观测预报政策和制度并监督实施。组织开展海洋灾害预警报和海洋自然灾害影响评估。参与重大海洋灾害应急处置。拟订海域、海岸带和海岛用途管制的制度规范。

2. 福建省海洋机构设置及职能

福建省在原省海洋与渔业厅的相关职责基础上，组建了省海洋与渔业局。其主要职责是：一是贯彻并落实有关海洋与渔业发展政策和法律法规。二是统筹协调涉海机构之间关系并推进海洋产业发展。三是提出优化海洋产业结构、调整产业布局建议并承担海洋经济运行监测等。四是承担渔港管理，维护渔业生产秩序、渔业执法等。

3. 上海市海洋机构设置及职能

2008 年机构改革以后，上海市海洋局与市水务局合署办公，其主要职责是：一是贯彻执行有关海洋管理的法律法规和政策。二是组织编制市属涉海规划、计划，提出海洋固定资产投资规模、方向、具体安排建议，并组织实施。三是负责海洋开发利用与保护管理、海域海岛和海岸线以及领海基点保护利用与管理、海洋观测预报与预警监测和减灾工作等。四是指导实施海洋战略规划和发展海洋经济。五是组织和指导海洋行政执法工作，查处违法行为，协调和仲裁跨区水事纠纷。六是开展海洋科技与外事工作以及组织推进海洋相关信息化建设。

（三）启示

按照地方涉海机构设置和行政职权划分，沿海地方海洋行政管理体制可以大略分为以下四种管理模式：

一是自然资源管理机构模式。对应中央海洋行政管理机构设置模式，设置隶属地方自然资源厅的海洋管理机构。例如，辽宁、江苏组建省自然资源厅，不再保留原海洋与渔业厅；海南组建自然资源和规划厅，加挂省海洋局牌子等。

二是保持海洋与渔业管理模式。例如，福建省组建了海洋与渔业局。这种模式具有渔业行业管理和海洋综合管理职能。

三是在自然资源厅管理下组建海洋局。例如，山东、广西分别组建自然资源厅、海洋局，不再保留原海洋与渔业厅。这种模式具有海洋综合管理职能。

四是水务和海洋管理相结合。上海市水务局挂海洋局牌子，实现水务与海洋管理一体化。

# 第四节 现状、问题及政策建议

## 一 现状

### （一）海洋管理体制

2018 年 10 月，依据国务院批准的《山东省机构改革方案》，山东省政府制定了机构改革实施意见，全面启动了省机构改革。作为海洋大省，为实现海洋高质量发展，分别组建了省海洋发展委员会和省海洋局。

省委海洋发展委员会是统筹协调机构，其主要职责是统筹谋划海洋、综合协调部门关系、督促和落实相关政策的实施。

省海洋局是省自然资源厅的部门管理机构，为副厅级。主要职责有海洋发展战略规划与海洋产业发展政策建议、海域海岛的使用与保护、海洋经济运行的监测与评估等。

### （二）海洋法律法规建设

21 世纪是海洋时代。进入 2000 年以来，山东省陆续出台了多部涉及海洋环境保护、海洋生态补偿、海域海岛使用管理等领域的地方性法规和规章。这些法律法规的出台，不仅丰富和发展了具有山东特色的海洋管理法律体系，更是为依法治海提供了执法依据。尤其是在海洋生态补偿管理立法方面，处于全国领先地位。2016 年出台的

《山东省海洋生态补偿管理办法》是我国第一个关于海洋生态补偿的法规。目前，山东省政府正在积极推动制定《山东省长岛海洋生态保护条例》，省人大已就该条例草案进行了初审（见表5-2）。

表5-2　　　　　　　　　山东省主要涉海法律法规

| 领域 | 法律法规 |
|---|---|
| 海洋环境<br>生态保护 | 《山东省海洋环境保护条例》（2004年制定，2018年最新修订）<br>《山东省海洋特别保护区管理暂行办法》（2014年）<br>《山东省海洋生态补偿管理办法》（2016年） |
| 海域、海岛<br>管理 | 《山东省海域使用管理条例》（2003年）<br>《山东省海域使用金征收使用管理暂行办法》（2004年）<br>《山东省无居民海岛使用审批管理办法》（2016年）<br>《山东省无居民海岛开发利用审批办法》（2016年）<br>《山东省无居民海岛使用权招标拍卖挂牌出让管理办法》（2016年）<br>《山东省海域使用权招标拍卖挂牌出让管理暂行办法》（2016年）<br>《山东省无居民海岛使用权招标拍卖挂牌出让管理暂行办法》（2015年） |
| 港口、海事 | 《山东省渔业港口和渔业船舶管理条例》（2007年）<br>《山东省港口条例》（2010年）<br>《山东省海上搜寻救助办法》（2011年）<br>《山东省渔业船舶管理办法》（2014年）<br>《山东省渔业船员管理办法》（2015年）<br>《山东省渔业港口管理办法》（2016年）<br>《山东省休闲海钓渔船试点管理暂行办法》（2017年）<br>《山东省海洋牧场平台试点管理暂行办法》（2017年） |
| 渔业 | 《山东省人工鱼礁管理办法》（2014年）<br>《山东省水生野生动物利用特许证件管理办法》（2014年）<br>《山东省水产苗种产地检疫试行办法》（2018年）<br>《山东省涉韩入渔渔船管理办法》（2018年） |
| 海洋执法 | 《山东省海域使用执法规程》（修订稿）（2016年） |
| 其他 | 《山东省海洋预报减灾能力建设项目管理办法》（2016年） |

（三）公众参与保障

目前，山东通过地方立法条例（2017）、行政程序规定（2011）等法律法规，初步建立了行政立法及行政重大决策中公众参与保障机制。例如，在《山东省地方立法条例》中，就地方性法规案，举行听证、草案公布及说明等，进行了程序性规定；在《山东省行政程序规定》中，就重大行政决策事项，应当举行听证会的事宜，进行了详细规定，为公众参与提供了法律保障。

另外，在2018年11月通过的《山东省海洋环境保护条例》修订版中新增加了关于公众参与的内容。这是省内公众参与海洋事务在法规制定领域的一次重要突破与进步。

## 二 问题

近年来，山东省在海洋事务的管理实践中，取得了一些成绩，但在海洋管理体制、海洋法制及公众参与机制建设方面，仍存在诸多问题与挑战。

（一）海洋法律法规建设滞后

海洋法制建设滞后于海洋发展及治理的需求，主要表现如下：一是有关发展海洋新兴产业的法律法规滞后。截至2018年年底，山东省海洋GDP占全省GDP的19.8%，占全国海洋GDP的近1/5。其中渔业、港航交通、海洋生物医药等产业增加值均居全国首位。海洋经济对山东经济的引领带动作用日益凸显。二是缺乏海岸带综合管理相关立法，不利于海岸带陆海统筹与综合管理。在海岸带生产活动密集、开发程度高，而且各职能部门交叉管理、各类规划重叠严重。应加快相关立法，促进陆海协调发展。三是现有立法多属于专项性政府规章，效力层次较低，缺乏系统性和协调性，给海洋行政执法工作带来诸多不便。尤其是涉及公共服务的部门规章，有必要提升到地方性法规。

（二）海洋统筹及海洋管理体制有待加强

海洋管理职能涉及十余个部门，依然是"政出多门、职权交叉"的分散型治理格局，相互协调难度较大。2018年年底成立了省委海洋发展委员会和省海洋局，加强了海洋统筹协调机制，强化了海洋综合管理能力，但总体上对海洋资源管理、海洋环境保护、海洋生态修复以及海洋执法监管等方面的协调机制尚未全面有效建立。

（三）公众参与机制不健全

目前，山东尚未建立有效的公众参与海洋和海岸带管理的机制，仅有海洋环境保护涉及公众参与内容。主要原因一是公众参与缺乏完善的法律制度保障。二是公众参与海洋管理的积极性不高。三是海洋管理信息公开制度不健全。

### 三 政策建议

（一）建设目标

2018 年 5 月出台的《山东海洋强省建设行动方案》中，明确指明了海洋治理体系和治理能力的建设方向：一是适应国际海洋治理新趋势，强化公共服务能力，提升海洋治理法治化，加快海洋治理体系的现代化。二是加强海洋经济管理和海洋综合执法以及参与国际海洋治理等能力。

其中加强海洋经济管理能力主要包括构建三级海洋经济运行监测与评估体系和完善海洋经济统计制度等。提升海洋综合执法能力包括完善海洋法规体系并规范海洋保护与开发以及健全跨省海洋灾害联防联治和执法协作机制等（刘方亮、师泽生，2016）。

（二）政策建议

1. 完善海洋管理体制，优化并提升海洋公共服务能力

一是完善海洋管理体制。进一步加强省海洋发展委员会的顶层设计和统筹协调功能，努力形成各涉海部门之间海洋治理的工作合力。协调好政府涉海部门之间的关系以及政府与其他主体之间的合作关系，以便凝聚强大的海洋治理合力。

二是优化并提升海洋公共服务能力。要树立服务理念，以公众的需求和意识为出发点，为其提供更优质的海洋公共服务。要综合运用现代信息技术，建立跨领域、跨行业、跨地区的海洋信息共享机制，提升海洋监测、预报预警和防灾减灾等基础能力和海上搜救应急能力。

2. 推进海洋法治化进程，提高综合执法能力建设

依法行政是实现海洋治理行动有序推进的根本保障。要增强法治

意识，树立治理法治思维，强化依法决策，确保行政权力在法治的框架内运行。一是加快修订《山东省海洋环境保护条例》等法规，适时推动出台海岸带管理、海洋经济促进、海洋新兴产业发展，水生生物资源养护等领域的相关法规。尤其是作为海洋资源及经济大省，应积极探讨加快推进《海岸带管理条例》《海洋新兴产业发展条例》《海上搜寻救助条例》《水生生物资源养护管理条例》等立法。二是推进建设法治政府，强调依法治理、法治思维能力，努力构建规范化、公开化、法制化的行政管理体系。三是推进省级海洋执法体制改革，建立高效的海洋执法队伍体系。

3. 构建多元治理主体，健全公众参与机制

海洋治理的主要特征是多元化主体，公众参与是国家海洋治理体系最为关键的一个方面。一是引导社会组织等公众主体参与治理。支持和鼓励海洋行业协会、产业创新联盟以及科研院所海洋智库等，积极参与海洋立法和重大海洋行政决策。二是完善公众参与海洋管理机制。通过修订《行政程序规定》或制定《行政程序条例》等法律法规，确保公众在海洋管理中的参与权。三是加强公民海洋教育，提高自主型海洋参与和责任意识。四是健全信息公开机制，保障公众知情权，方便公众参与。

4. 加强国际交流机制，提升参与国际海洋治理能力

一是加强环黄海海洋治理合作。发挥东亚海洋合作平台优势，推动环黄海国家之间的海洋治理合作。可以在海上搜救、海洋防灾减灾、海洋垃圾管理等领域发挥重要的作用。二是充分发挥国际双边海洋合作机构的作用。中德海洋科学中心、中韩海洋科学共同研究中心为依托，积极扩大中德、中韩之间的海洋政策和科技领域合作。青岛与韩国釜山作为两国海洋科技教育中心，应加强合作，积极推动共建海洋科技教育交流合作平台。三是创新海洋科技国际交流模式。以中国蓝色硅谷、国家海洋实验室等为依托，积极创新海洋科技国际合作模式，重点开展包括前瞻、基础、应用技术等领域的共同研究、共建联合试验室、探索海洋科技与产业融合发展模式。

# 第六章 山东省海洋文化遗产发掘与保护

黑格尔曾将人类生存的地域分为三种地理环境：平原地区、高原地区和沿海地区，并断然认为，中国人与海洋没有什么特殊的感情，不发生积极的关系。[①] 在很长一段时间里，受黑格尔论断的影响，中国的海洋文明一度被忽视。随着中国考古发现和文化研究的深入，已经充分证明，中国海洋文明历史悠久，山东早在距今 5000 年前，已经脱离原始蒙昧状态，进入文明时代，山东的东夷族先民作为华夏文明最早的开创者之一，创造了灿烂的史前海洋文明。

海洋文化遗产，是人类在长期发展历史过程中创造出来的涉及海洋的各类文明，不仅包括物质遗产（the tangible cultural heritage），含特定环境、人类文化遗址、石刻、古墓葬、贝丘、古聚落、古建筑、寺庙、古街区（街巷村镇）、古港口、码头、船坞、古沉船、古航标、道路、桥梁、古城墙、古器具、商号、钱庄、信局、会所驿馆、蕃人墓地、西洋建筑群、海关、海岸炮台等实体遗迹，也包括非物质文化遗产（the intangible cultural heritage），如古航海图、古地形图、古航路、航海秘本（针路簿）、舟船手稿、造船法式、驾船技艺、烹调、渔业、神话、传说、诗词、音乐、舞蹈、戏剧、美术、雕刻、娱乐、传统医药、体育、杂技、民间绝活、礼仪、节庆、神灵崇拜、海洋民俗信仰，以及相关文化空间等，可以说博大精深，无所不包。总的来说，海洋文化遗产内部构成大致为：①历史街区、村镇聚落、相关文化空间及生态环境；②涉海文物；③海洋类非物质文化遗产；④其他类遗产（余玲、麻三山，2015）。山东外有黄渤海的天然润泽，内承

---

① ［德］黑格尔：《历史哲学》，潘高峰译，九州出版社 2011 年版，第 211 页。

齐鲁大地的人文孕育，业已形成自然景观资源、历史文化资源、海防军事文化资源、海洋文化建筑、信仰文化遗迹等多种独具山东省地域特色的海洋文化体系。山东海洋文化在中国海洋文化史上占有重要的地位，它体现了山东人民与海洋之间特殊的生命和文化关联。山东人民在长期的接触海洋、征服海洋和利用海洋过程中，创造了历史悠久、内蕴深厚、独具特色的海洋文明，也培育了山东人果敢勇毅、开拓进取的地域精神。作为中华文明的两大发源地之一，山东省海洋是我国海上丝绸之路的重要组成部分，也是中国历史上海洋商业的发源地之一，历史文化的土壤丰厚，在齐文化人本务实、重商重利、开放变革性等特征与鲁文化中的仁德礼让、守约重信等特征的共同浸润下，形成了山东海洋特有的文化形态。从文化发展史上来看，山东海洋文化不仅仅对山东及周边省份的历史文化发展具有深刻的影响，同时也对朝鲜、日本、韩国等周边沿海国家的社会发展和历史文化具有深远影响。

## 第一节 山东省海洋文化资源及精神特质

### 一 山东省海洋文化人文历史悠久

山东海洋文明最早可追溯到远古时代。北辛文化、龙山文化、大汶口文化等新石器遗址中，出土大量渔具表明，早在新石器时代，山东省先民就已经有规模地利用海洋资源，从事渔猎等涉海活动。龙山文化时期，已有相当发达的农业、畜牧业、手工业，在建筑、文字、航海等方面也均有建树。可以说，华夏文明诞生之日起就与海洋有着密切的联系。夏商周三代，山东沿海先民开始制造船只，20世纪80年代初期，在山东荣成县毛子沟挖掘到商周时代的独木舟，是国内发现的年代最早的水上交通工具，这也是山东先民从事海洋活动质的飞跃的标志。春秋战国时期，在姜尚统治下的山东海洋文明获得了前所未有的长足发展。齐国初建，因其人少，地狭，土壤碱化，五谷不生；近海，有渔盐之利；多山，拥桑麻之饶；地处交通要道，商旅往来频繁等天然地质条件，姜尚提出"因其俗，简其礼，通工商之业，便渔盐之利"（余玲、麻三山，2015），齐国通过大力发展海洋，成为称雄东方的"海王之国"。可以说，齐国属地最初的政治、经济、文化格局很大程度上都是建立在海洋的基础上。司马迁在《史记》中详细分析了齐国海洋环境对民俗民风和齐民性格的深刻影响："齐带山海，高壤千里，宜桑麻，人民多文采布帛鱼盐。临淄亦海岱之间一都会也，其俗宽缓阔达，而足智，好议论，地重，难动摇，怯于众斗，勇于持刺，故多劫人者，大国之风也。其中具五民。"直至今天，古齐国能够因势利导，充分利用海洋资源，发挥海洋优势的经验仍然具有重要的借鉴意义。

山东先民在史前已经懂得利用海洋与海外建立联系，考古证明，"山东同东北史前文化的联系主要表现在相互临近的山东半岛与辽东半岛之间，尤以二者之间的长山群岛和庙岛列岛最为明显"。山东先民很早就通过海上运输与日本列岛和朝鲜半岛发生密切联系。早在2000多年前，秦始皇为强化国家统一，威服六国，曾四次出巡，其中三次巡抵琅琊，筑琅琊台，立刻石，两遣徐福出海求仙，开创中国大规模航海探险之先河，成为中外文化交流史上的重要篇章。徐福东渡日本的事迹在《史记·秦始皇本纪》中有详细记载："始皇东行郡县……南登琅琊，大乐之，留三月，乃徙黔首三万户于琅琊台下……做琅琊台，立刻石，颂秦德，明得意……既已，秦人徐市等上书，言海中有三神山，名曰蓬莱、方丈、瀛洲，仙人局之。请得斋戒，与童男女求之。于是遣徐福发童男女数千人，入海求仙人。"根据古代文献和20世纪80年代的海岸线普查资料，徐福的起航地为古朐港，也就是今天的连云港的夹山、港嘴古港遗址。徐福船队由朐港出发，沿海岸线，顺西风北上山东半岛，然后横渡海峡至朝鲜半岛，最终到达日本的本州。徐福一行，将中国秦朝最先进的物质技术和文化带到日本，帮助日本从绳纹时代进入了文明的弥生时代。徐福被日本人民称为"弥生文化之旗手"。唐代，唐高祖武德六年（623），始建胶州城，并置板桥镇，为中国北方对外贸易和文化交流重要口岸，海外交通也日益繁盛，高丽（今朝鲜半岛）和日本的使臣、商贾、僧人常由此登岸至中国各地，唐朝使臣也常由此前往高丽等地。宋代，以板桥镇为中心，对外贸易有很大发展，宋哲宗元祐三年（1088）板桥镇置密州市舶司，管理对外贸易，为北宋五大市舶司之一，在中国北方及东南亚、南亚的贸易往来和文化交流中发挥了重大作用。这些历史都记录了从古以来山东半岛在中国航海史上和对外文化交流史上的重要性。

明清时期，东南沿海的倭寇不断来袭，据统计，仅在嘉靖年间，倭寇入侵次数就达到267次，而且多以明军失败而告终，直到嘉靖三十八年，戚继光组建新军以后，抗倭形势才开始好转（赵尔巽，1976）。因此，中国政府对沿海采取了极端的海禁政策，不断加强海防。明代以来，由于洪武时期定都南京，山东海疆成为拱卫京师的重要海防门户，山东"海岸绵亘，自直隶界屈曲而南以达江苏其间大小海口二百余处。东北境之登、莱、青三府，地形突出，三面临海。威海、烟台岛屿环罗，与朝鲜海峡对峙，为幽、蓟屏藩。……齐、鲁关山，遂与畿疆并重矣"（严文明，1989）。山东半岛重要的战略地位在明清时期得以充分显现，山东在明清之际，陆续建设了多个层次丰富、等级严密、规模各异的海防系统，除此之外，还留下多部海防军事文献，融合了明代政治、经济、军事、建筑等诸多文化元素在抗击倭寇、稳定中国海疆、维护海权方面发挥了巨大作用。这些海洋文化遗产不仅是中国几百年抗击倭寇艰苦斗争的历史见证，也是山东海洋实力由强及弱，又由弱变强演变进程的写照。

## 二 多元共生的山河湖海自然文化体系

山东境内自然资源丰富多样，除了渤海、黄海之外，河流、湖泊众多，还有丰富的山岳资源，这些文化形态既相互独立，又能够相互融为一体，交相呼应，形成多种文化样态、多重文化层次共生，极其丰富复杂的文化生态体系。泰山和崂山是山东境内最著名的两座山，也是具有中国传统文化标识的著名文化景观。泰山是中国道教发祥地之一，也凝聚着深厚的儒家文化和佛教文化精神。作为古代72个帝王的封禅之地，泰山也代表着权力和秩序。崂山自古以来就是中国道教文化圣地，早在西汉就出现崂山太清宫的记载，一直到元明清鼎盛时期发展，古人曾有"泰山虽云高，不如东海崂"之说，直至今天仍然是中国道家文化的集大成者。另外，发源于青藏高原的黄河，在山东省流经菏泽、济宁、泰安、聊城、德州、济南、淄博、滨州、东营9市25县（市、区），在垦利县注入渤海，河道全长628千米。黄河早已成为中华民族的基本文化符号，具有高度的民族认同感和凝聚力，山东人民在对黄河利用、治理、管理、保护和亲近中产生了深厚的感情，是山东人民自强不息、蓬勃向上精神的不竭源泉。微山湖、东平湖等湖泊在中国人民抗日战争期间，作为鲁西南抗日游击队的重要战场，见证了中国人民英勇不屈、顽强抵抗日寇的斗争历史。黄河文化中生生不息的生命力量与海洋文化包含的齐人涉险谋生的进取和冒险精神以及泰山文化中的攀登精神，崂山道家文化中的与世无争、亲近自然的精神融为一体，构成山东半岛文化精神的内核。

**三　近代海洋文化积淀**

山东半岛地理位置独特，很早就形成自己独具特色的文化圈，自古以来就人才辈出。近代以降，山东半岛更成为北方与海外连接、输送留学生、追求科学和真理的重要通道。近代山东也是大量近现代文化名人争相汇聚的理想之地。山东半岛三面环海，凸于渤海、黄海之中，沿海城市众多，风景秀丽，气候宜人，晚清以来就成为清帝国遗民避祸颐养的中心。近代山东青岛等城市政治环境相对宽松平稳，为教学、写作和学术研究提供了难得的安静之所。康有为对青岛赞美有加，"绿树青山，不寒不暑，碧海蓝天，可舟可车，中国第一"。1930年成立国立青岛大学，更是汇聚当时中国众多杰出文化、教育界名人和科研人员，时任校长杨振声，聘请了闻一多、梁实秋、沈从文、陈梦家、老舍等著名作家来校任教，奠定了山东省近代以来厚重的文化基石。梁实秋在《忆青岛》一文中推举青岛之美，"我虽然足迹不广，但北自辽东，南至百粤，也走过了十几省，窃以为真正令人流连不忍去的地方应推青岛"。山东沿海城市的魅力带给作家和艺术家无限灵感，他们留下了大量诗歌、散文、书画等优秀的艺术作品，大大加快了山东文化的现代化进程，也建立了中国近代文化与海洋之间的紧密联系。

山东位于东部沿海，地处黄河下游，东部伸入渤海与黄海之间，隔海与辽东半岛相对。庙岛群岛横列于渤海海峡，如水上长城，拱卫京畿。东隔黄海与朝鲜半岛相望，东南毗邻黄海、遥望东海及日本南部列岛。从文化资源来看，除了得天独厚的自然景观，山东省内还拥有大量人文景观和物质文化资源，在我国先后公布的6批重点文物保护单位中，山东沿海地区共有28处，包括蓬莱水城及蓬莱阁、大汶口遗址、刘公岛甲午战争纪念地、烟台福建会馆、青岛八大关近代建筑群、青岛市德国建筑群等著名海洋文化景观，位居全国前列。山东省海洋文化的非物质文化资源更加丰富，包括民间文学、美术、音乐、舞蹈、戏曲、曲艺杂技、民间手工技艺、民间信仰等多种民间文化艺术形式，其中荣成市"渔民节""渔民节祭祀"、烟台市的"渔灯节"、长岛木帆船制造技艺等更是直接源于传统渔民生活劳作的民间文化艺术形态。与其他沿海省份相比，近代以来山东省海洋文化的形成有其特殊的历史背景，作为中国文化源头和中华民族的重要发祥地，山东省一直以齐鲁文化为其根本，虽然鸦片战争以后，山东沿海城市逐渐开放，但是与较早成为通商口岸，参与国际贸易的江浙和广东等沿海省份不同，山东省一直保持较为深厚的内陆文化特质。1860年烟台被迫成为山东省第一个开放口岸，1895年甲午战争以后，日军攻占威海，1898年，青岛和威海分别被德国和英国占领，近代的殖民历史给山东沿海地区人民带来更多的是苦难和屈辱，从而激发了沿海地区人民坚韧的反抗精神，从明清时期戚家军抗击倭寇，到清末甲午海战的悲壮历史，为山东海洋文化增添了刚烈勇毅，不屈不挠的抗争精神。总体来看，山东省的海洋文化是内陆文化的辐射延伸，具有保守内敛、持重稳健的精神特质。

## 第二节　山东海洋文化遗产发掘和
## 保护存在的问题

黑格尔认为"水性使人通，山性使人塞，水势使人合，山势使人离"①，山东半岛涵括山河湖海诸种地质形态，文化遗产丰富多样，其中海洋文化显现了区域文化的多样性和省内文化的不平衡性。日本学者宫本一夫认为，"中国史前社会的历史作为达到文明的人类史，是东亚的代表，更是人类史上迈出的多种步伐之中的一个典型"（宫本一夫，2013）。在这个意义上，作为华夏文明重要发源地的山东，其海洋文明在中国乃至整个世界都有其独特价值，挖掘、保护、研究价值意义重大。相比较山东省境内其他区域性文化来说，其海洋文化可追溯的历史最久，从史前文明到近代，每个阶段都显示其不同的文化特征和代表性文化形态，目前山东省在海洋文化遗产挖掘和保护方面已经取得了巨大成就，但是仍然存在一些亟待解决的问题。

**一　民众海洋文化意识淡薄，文化研究与文化建设相脱离**

民众的海洋文化自觉性仍有待提升，海洋文化研究与文化建设实践相脱离，缺乏互通性和协调性，文化研究对文化普及、宣传缺乏指导性和建设性意义，这也是国内海洋文化研究存在的普遍问题。一方面，海洋文化发掘研究如火如荼；另一方面，公众传播领域停留在口号和理论概念层面，真正落实到海洋文化教育、历史文化教育层面的少之又少，海洋文化并没有得到广泛有效的传播。以东夷文化的发掘和整理为例，在 20 世纪 30 年代，就已经发掘了龙山文化，50 年代末期，发现大汶口文化，接下来一系列考古重大发现彻底揭开了东夷文化发展序列，证明东夷文化是华夏文明的源头之一，从新石器时期开始到西周结束，东夷人创造了山东半岛灿烂的史前文明，在亚洲古文化的发源和交流史上都占据重要地位，并深刻影响了齐文化的形成，东夷文化中的各种手工艺制品、青铜器、玉器以及建筑工艺、文字、八卦、医学、礼制等都是华夏文化早期的最高水平的代表，在中国乃至世界文化史上都具有十分重要的价值和意义。东夷人改造自然、利用海洋的杰出智慧和独有的创造精神、开疆拓土的开拓精神等都是我们今天发展海洋文明所需要的精神。然而，很多人对东夷文化、东夷历史并不了解，甚至有许多人只知有齐鲁不知东夷。东夷文化在山东

---

① ［德］黑格尔：《历史哲学》，潘高峰译，九州出版社 2011 年版，第 211 页。

省地域经历了漫长的史前文明发展历程，在民族融合和政治的大一统进程中逐渐消失，这些历史发展的脉络如何？东夷文化如何影响山东半岛文化的形成？东夷文化怎样同当代海洋文化相接轨？这些问题都少有人去追问和考察。因此如何让海洋文化研究走出书斋，向公众传播、普及，并在新时代焕发新的生机，发扬新的民族文化精神是我们需要解决的问题。

从区域研究来看，海洋文化是地域文化的一种。海洋文化遗产是民族文化基因的重要一脉，尤其对于沿海地带而言，海洋文化遗产是沿海地区文化与历史的见证，是人们追溯历史，寻求文化认同的精神之源。具有鲜明的本土特征和民族认同性，从山东海洋强省建设的现状来看，山东已经在海洋科技，海洋经济等诸多方面取得了全国瞩目的成绩，但在海洋文化遗产的开掘、保护与利用等方面稍显薄弱。海洋文化遗产作为中华民族文化遗产的一部分，其发掘和保护并不是一个新鲜的课题，但"海洋文化"作为文化研究中的独立领域被提出是近30年的事，无论是学科建构还是文化研究，都还处于初级阶段，这也是造成我国人民普遍对海洋文化感到陌生和淡漠的根本原因。虽然中国是陆地和海洋兼备的国家，但受制于中国强大的以农耕文化为主体的主流思想的影响，中国海洋文化一直处于边缘地位，同时山东省自身作为孔孟之乡、儒家文化的发源地，持重保守，具有厚重的农耕文化传统，农耕思想也具有压倒性优势，农耕文化和海洋文化发展极不平衡，海洋文化的优势难以发挥出来。

2018年5月31日，由北京大学海洋研究院编制的《国民海洋意识发展指数（MAI）研究报告（2017）》（以下简称《报告》）发布，《报告》显示，2017年我国各省（区、市）海洋意识发展指数平均分（63.71分）比2016年（60.02分）有明显提升，但从整体来看，国民海洋意识仍然普遍较低，提升全民海洋意识任重而道远。从综合来看，山东排名靠前，其中海洋专利指数山东省排名第一，但是从报告中可以看出，民众对海洋的意识主要来自两大领域，即参与海洋经济实践和参与海洋维权实践。而对海洋人文、海洋文化遗产与保护等方面缺乏关注和了解。山东省民众的海洋意识与北京、上海以及浙江等省市相比仍有差距，与山东自身海洋经济、科技等发展水平比较也有巨大差异，这也从一定层面暴露出山东省在海洋文化建设等方面发展动力不足。国民海洋意识的提升，是国家海洋软实力的重要基础，是中华民族向海发展的内在动力。从学术角度来看，山东海洋前沿问题探讨，对山东本省地域文化史的补充和完善都大有裨益。

**二 缺乏关于海洋文化遗产的专门数据库的建设**

山东省海洋文化遗产系统性挖掘、统计不足，数据匮乏，缺乏关于海洋文化遗产的专门数据库的建设。曲金良教授将我国的海洋文化遗产大体归纳为三类：第一类是海洋历史文化遗产，第二类是海洋自然文化遗产，第三类是口头与非物质文化遗产即无形文化遗产。海洋文化遗产的空间分布受地理环境、经济发展水平等方面影响较大，从山东省海洋文化遗产的分布情况来看，由于半岛地势的特殊性，山东海洋文化遗产分布比较分散，给观测、研究、保护都带来了一定的困难，因此有必要在系统梳理海洋文化遗产的基础上，建立相应的海洋文化遗产数据库，便于调取资料和详细数据，加强保护。为了确保海洋文化遗产保护工作的有效实施，一些专家学者提出设立"中国海洋文化基因库"，从海洋文明视角出发，通过现代化的手段对环中国海海洋文化圈的历史文化进行整理、挖掘与研究，从中梳理出中国海洋文化的基本基因，这是复兴中国传统海洋文化、建设中国当代海洋文化切实有效的方法（苏文菁，2017 年）。国家制定和实施海洋文化遗产普查工作，摸清我国海洋文化遗产的"家底"的前提，是各个沿海省市先摸清自己的"家底"（曲金良，2003）。

**三 海洋文化遗产保护设施、技术、人才等需要全面提升**

由于中国海洋文化遗产考古起步较晚，技术、装备相对落后，考古经验和相关人才也相当匮乏，随着向海经济的深度发展，海底建设、航道开通、填海造田以及渔业养殖等方面的需要，对海洋文化遗产构成巨大威胁，一些海洋文化遗迹遭到破坏，一些非物质文化也在不断消亡。2009 年以来，我国先后建立国家水下文化遗产保护基地，其中就包括青岛基地，这标志着我国水下文化遗产保护工作进入快车道。然而，还是不断出现破坏和偷盗现象，致使一部分物质文化遗遭到破坏、损毁。相比较海洋物质文化遗产来说，海洋非物质文化遗产的整理和保护工作难度更大，很多先民的非物质文化遗产不断遗失。一些非物质文化遗产，例如传统手艺、技法以及民间传说等，则随着时代的发展变迁，被新的设备、工艺手段所取代，很多民间传说也因为缺乏有意识地整理逐渐淹没在历史的长河里。这些非物质文化遗产都是山东沿海劳动人民劳动实践、发展历史的见证，应加快对地区内非物质海洋文化遗产的抢救性挖掘、保护和传承。

根据 2015 年年底山东省第一次可移动文物普查有关数据，全省国有博物馆共收藏可移动文物约 182 万件。从保存现状看，保存情况较好的文物占 35%（约 63.70 万件），存在一定程度病害的文物占 65%（约 118.3 万件），尤其是濒危文物数量已经达到有病害文物总数的近 46%（约 83.72 万件）（苏锐，2017）。其主要原因在于，山东省内博物馆设施基础薄弱，不重视甚至忽略文物保护环境和文物保护设施建设，全省文物部门所属的行业有国有博物馆 223 家，建有文物专业库房的仅有 95 家，库房完全满足温度、湿度等环境控制的仅有 48 家，建有文物修复专业实验室的仅有 45 家，文物展厅展览展示设备全部满足湿度、温度等环境控制的不足 20%。从文物保护的专业人才来看，文物保护修复专业力量明显不足：全省国有博物馆从事文物保护修复、保养的技术人员不足 200 人；文物保护、文物修复和理工类文保专业背景人员太少，现文物保护队伍中的人员多是半路出家，缺乏专业化的知识、经验和技术，且分散于各个单位，存在严重不均衡状态①。山东海岸线漫长，是古代丝绸之路的起点，也是陆海两条丝绸之路的交汇点。在全省水下文物资源调查中，山东省共发现水下疑似文物点 100 多处，山东省管辖海域内仍保存着众多水下文化遗存和沿海明清海防设施。沿海有大量的古代港口。码头、航标和分布于地上地下的文物古迹一样珍贵，是不可再生、无可取代的珍贵的文物资源和海洋资源，是我国海洋主权的历史积淀和实物见证。海防遗址、先民遗迹等都是不可移动的文物，其保护的难度更大，因此，

---

① 中国图书馆网，http：//www.chnlib.com/wenhuadongtai/2017 - 03/183826.html。

常有疏漏和保护不力的地方。

### 四　海洋生态问题严重制约海洋文化和经济发展

山东沿海城市众多，滨海旅游业发达，随着城市建设步伐的加速，城市不断扩张，导致海洋生态受到前所未有的破坏，城市污染已经是导致生态持续恶化的罪魁祸首，这对于海洋自然文化遗产保护来说是一个巨大的挑战。山东近岸渤海海域是溢油多发区，近 10 年，管辖渤海海域发生过往船舶漏油 20 余起，给海洋生态带来严重损害，同时，近海捕捞能力严重超出资源再生能力，致使近海生物资源持续衰退，这些都给山东海洋自然文化遗产带来沉重打击。海洋生态问题的严峻已经引起高度重视，2019 年起，山东在沿海全面推行"湾长制"，建立省市县三级湾长制度体系，推广长岛生态文明综合试验区建设的经验模式。这样可以从源头遏制污染，将会在一定程度上减轻生态恶化。另外，从国外来看，美国、日本、欧盟等主要海洋国家和地区在海洋生态环境治理方面积累了很多经验，值得借鉴。美国海洋开发较早，也最早意识到海洋生态的问题，因此在第二次世界大战以后，美国在开发利用海洋资源的同时，在海洋生态环境治理和保护方面多措并举，成效显著。美国重视海洋立法、执法、规划与战略行动计划制定，管理体制完善、科学技术创新、人才培养和全民教育、区域合作等，基本形成比较完备的海洋生态环境现代化治理体系（杨振姣等，2017）。

# 第三节　山东海洋文化遗产资源
# 发掘和保护对策

从文化遗产的保护机制、保护措施和保护行为三个层面来探讨山东省海洋文化资源的保护对策。

### 一　提升海洋意识，提炼海洋精神，加强民间互动，广泛运用网络平台，以海洋文化遗产为依托，建立民族文化认同感

海洋文化遗产是中华民族文化的宝贵财富，在特定的自然和历史

环境中产生，虽然经历岁月沧桑，时代变迁，却依然保存着鲜明的地域色彩，承载着一方热土深厚的历史文化积淀，也孕育着未来。地域色彩浓郁的海洋文化遗产能够唤醒人们天然的民族文化认同感，具有凝聚人心的深沉力量。因此，提升民众的海洋意识，加强对海洋精神的提炼和宣传，是提升民众海洋文化遗产保护意识的前提。具体措施可以通过建立通识教育体系，以学校课堂、文化展示、论坛、讲座等多种方式和渠道，增强民众对海洋文化遗产保护内涵、意义的了解和兴趣。尤其对青少年，应从基础教育开始，在教学中增加海洋文化历史和资源发掘保护相关知识的内容，从儿童抓起，彻底改变"重陆地，轻海洋"的传统思维。在这方面，日本在中小学开展的实践型教育方式——"特别活动"值得借鉴。日本在2007年颁布《海洋基本法》之后，更加注重在中小学开展海洋教育，其教育形式多样，包括亲近海洋、了解海洋、守护海洋和利用海洋四个方面，其教育方式的主要特征就是实践性强，例如，学校通过开展与造船公司合作方式，让学生亲身体验、亲自观察，了解船舶知识，学习海洋安全知识，感受海洋的魅力和文化。目前中国海洋教育也取得了长足进展，青岛率先提出"建设全国海洋教育示范城特色市"，在全国海洋教育方面居于领先地位，也是国内第一个在小学阶段普及海洋教育的城市，截至2019年，青岛已经拥有100所海洋教育特色学校，要求义务教育学校每周0.5课时实施海洋教育，在师资队伍建设、校园文化建设、海洋教育课程建设等方面都为全国海洋教育提供了引领示范的作用和宝贵经验。

要领悟山东海洋精神就要充分了解山东海洋发展演变的历史，祖先留给我们的绝不仅仅是可见、可听、可感的海洋物质文化遗产，更重要的是一种海洋文化精神。这是需要我们着手去挖掘、提炼和进一步阐扬的。海洋文化遗产充分证明了古代先民探索自然、在陆地之外向海洋深处延展生命的智慧与勇气，包含着古代先民为追求美好生活所进行的艰苦实践和惊人的创造力。从远古时代到近代，山东海洋先民开辟海疆、煮海为盐，从齐桓公"九合诸侯，一匡天下"，到齐威王"不鸣则已，一鸣惊人"，再到稷下学宫"百家争鸣"，从秦皇巡海到海丝之路，再到明清的抗击倭寇，山东海洋文化遗产凝结着自强不息、深沉壮阔、不屈不挠的精神力量。在这样一个重返海洋的浪潮汹涌而来的时代，除了海洋经济、军事、科技等方面需要全面提升之外，我们更应该不遗余力挖掘和唤醒埋藏在海洋文化遗产中的人文精神，在新的时代发挥其应有的作用。

加强地域史的教育和宣传，使人们充分了解山东文化发展演变的历史，认识山东省海洋文化遗产在全国乃至世界海洋文明史上的重要地位和价值。山东海洋文化源于东夷文化，由于受到早期汉文化中心主义思想的影响，许多人对东夷文化不屑一顾，认为是"蛮夷"文化，实际上，夷文化中的海洋精神与齐鲁文化中的农耕文明形成互补，共同发展，才构成今天山东文化的主体。东夷创造了华夏史前文明的辉煌，也是中国、乃至世界海洋文明史上的重要篇章，在《史记》《汉书》《后汉书》等古典文献中多有记载，这些历史应该不仅仅作为研究来看，更应该是人们了解地域历史，了解山东海洋文化发展历程的重要依据。因此，除了在中小学教学中加入地域史的内容，还应分类别、分学科，针对不同层次的人群组织编撰山东海洋文化发展史和具有地域特色的文化遗产介绍书籍。

海洋文化遗产保护不仅仅是政府的责任和行为，更需要全民参与、全民互动。首先加强法律法规宣传，国家颁布的《中华人民共和国文物保护法》和《中华人民共和国非物质文化遗产法》为文化遗产保护工作提供重要的法律保障，另外国务院制定了《中华人民共和国文物保护法实施条例》等行政法规，山东省也出台了《山东省历史文化名城名镇名村保护条例》，这些也都为山东省海洋文化遗产保护工作提供了必要的法律依据。应继续加大宣传力度，把海洋文化遗产纳入法律法规保护范围内，增强海洋文化遗产保护的普法教育，提升民众海洋文化遗产保护保护意识。还应充分利用网络平台，建设相应文化公众号和网站，开设海洋文化遗产保护专题栏目，向公众普及海洋文化知识，宣传山东海洋文化遗产，分享国内外优秀的海洋文化。

## 二 建立合理的海洋文化遗产发掘与保护机制

### (一) 增加民间参与度和资金投入

从全省范围内的文化遗产保护来看,无论是资金投入、建设维修,还是保护传承,都主要依赖各级政府,民间团体和个人参与仍然较少。文化遗产保护往往只是政府行为,一方面大大增加了资金、人力、物力的投入;另一方面,在增强民众海洋意识、文化遗产保护意识等方面却收效甚微,这在一定程度上说明我们在海洋文化遗产保护机制和运作方面仍然不够成熟。从国外历史文化遗产保护机制来看,许多西方国家首先在资金投入上就形成了一套长效机制,从而在保护历史文化遗产过程中起到关键性作用。例如,欧美国家和亚洲的日本、韩国在文化遗产保护与利用中采取中央、地方和民间三管齐下的管理模式。在法国,现有的遗产资源仅有5%归中央政府管理,其余为地方政府和民间管理。在资金投入方面,发达国家的历史文化遗产保护资金主要来源于政府、非政府组织、社会团体、慈善机构和个人(志愿者),其中,政府起主导作用。

在英国,民间对历史文化遗产保护起到了巨大作用,英国成立了由环境部规定的5大民间保护组织:古迹协会、不列颠考古委员会、古建筑保护协会、乔治小组和维多利亚协会,由于介入法定程序,每年英国政府给以上5个团体相当的资助。在日本,逐步形成了以国家投资带动地方政府资金相配合,并辅以社会团体、慈善机构及个人的多方合作。国家和地方资金分担的份额,由保护对象及重要程度决定。例如,日本规定对传统建筑群保护地区的补助费用,国家及地方政府各承担50%,对《古都保存法》所确定的保存地区,国家出资80%,地方政府负担20%,而由城市景观条例所确定的保护地区一般由地方政府自行解决。这样极大的分散了中央财政的负担,还能够让民众更直接地参与文化遗产保护(王星光、贾兵强,2008)。

### (二) 海洋文化遗产的发掘与传承

海洋文化遗产发掘应以保护为前提,注重可持续性,合理适度开发,对非物质文化遗产应当注重传承性。我国是世界遗产大国,世遗名录已经达到52项,却没有一项是来自海洋文化的世界遗产,这不仅是我国申遗的遗憾，更从侧面反映了我国在发掘、保护与传承海洋文化遗产方面存在着诸多不足。

从海洋文化遗产保护意识层面来看，南方要早于北方，在海洋文化遗产的保护和传承的具体实践方面，很多江浙城市也走在了全国的前列。以宁波为例，宁波的渔文化已有近7000年的历史，宁波对此进行了系统的整理和自觉传承。至今，渔鼓、龙灯、竹根雕、渔歌号子、剪纸等民间工艺依然世代相传。象山现有国家非物质文化遗产4项，省级非物质文化遗产10项，其中渔文化的非物质文化遗产比例占60%，居于全国前列。2004年5月19日，象山成立了渔文化研究会，并出版全国第一家会刊《渔文化》。2008年9月，象山县因对渔文化遗产的整体性保护而被授予"中国渔文化之乡"。2010年，国家文化部正式批准象山县设立国家级海洋渔文化生态保护实验区，象山成为中国第七个国家级文化生态保护实验区。从2001年开始，宁波就举办"宁波与海上丝绸之路"文化国际学术研讨会，提出宁波、泉州、广州中国古代三大"海上丝绸之路"始发港联合申报世界文化遗产的建议，形成《宁波共识》，此后宁波每年举办一届"海上丝绸之路"文化周（后改名"海上丝绸之路"文化节）。目前，宁波"海上丝绸之路"史迹已进入《中国申遗预备名单》。

另外，福建泉州也是"21世纪海上丝绸之路"的核心区，积极申报2018年世界文化遗产，同时，在国家文物局印发的《国家文物事业发展"十三五"规划》中，古泉州（刺桐）史迹的保护与申遗工作也被纳入国家规划。作为丝路史上最具有代表性的古城，发现和保护古泉州文化遗迹是未来"海丝"建设的一大亮点。以古泉州申遗为起点，福建抓住"一带一路"这一千载难逢的发展机遇，充分挖掘福建独特的侨乡文化、闽南文化、客家文化和妈祖文化，使福建元素在"海上丝绸"建设中大放异彩（王国安，2013）。深圳也借"一带一路"战略，通过创办高交会、文博会等文化品牌，并借助大运会平台，把"走出去"和"引进来"相结合，有效促进国际文化交流与合作。

（三）创造性转化海洋文化资源，将文化资源转变为海洋文化软实力

习近平总书记指出"提高国家文化软实力，关系'两个一百年'奋斗目标和中华民族伟大复兴中国梦的实现"。经过全面梳理和分析发现，山东省海洋资源文化极其丰富，历史悠久，如何将丰富的文化资源转化为文化软实力，在全国乃至世界海洋文化领域发出自己的声音，是目前最值得探讨的课题。早在1991年年末，新中国成立以来第一次大规模的海洋工作会议在北京召开，会上，山东做了《开发保护海洋，建设海上山东》为题的汇报，"海上山东"概念的提出，不仅在山东具有更新海洋观念，开辟第二发展空间的意识，对于全国沿海各省、市来说，都具有开拓和引领示范的意义。"海上山东"这一兴海战略在山东取得了巨大的成就。然而近些年来，山东海洋文化资源的宣传和推介更重在发挥其经济效应等外在的"硬实力"方面，在海洋政策话语权、海洋文化精神方面的发掘还处于浅层次阶段，海洋文化研究也远远落后于海洋经济、科技等领域。所谓"软实力"即"soft power"，最初由美国学者约瑟夫·奈于20世纪90年代提出，是同国家军事、经济力量等组成的"硬实力"相对应的一个概念，一般来说，"软实力"是指能够影响他国意愿的精神力量，包括政治制度的吸引力、价值观的感召力和文化的感染力等所谓的软要素表现出来的一种能力，在当今综合国力竞争中的作用越来越突出。约瑟夫·奈认为"文化在软实力要素中排首位，是软实力内在驱动力，软实力主要建立在对文化的吸引力上，如果文化没有吸引的能力，那么文化就没有认同力，无法达到软实力效果"。海洋软实力资源主要体现在海洋文化、海洋政策、海洋法律法规、海洋意识、海洋价值等方面，山东省在海洋软实力方面还很薄弱，需要大力发展。日本在发展文化软实力方面取得了举世瞩目的成就，我们可以从中借鉴一些经验。2017年全球软实力排名，日本全球位次升至第五。连续三年，日本一直位居亚洲榜首，在世界排名也位居前列。日本在挖掘传统文化资源，提升文化软实力的经验有以下几点值得我们借鉴：

（1）注重顶层设计。日本海洋文化软实力建设是"由表层到深

层、由具体到综合、由局部到整体的发展历程"，当海洋利益上升为国家利益时，日本政府推出"海洋立国"战略，从而推动国家制度化、系统化的海洋建设。

（2）推动文化艺术的具象化、日常化、精致化，注重打造良好的文化精神形象。日本充分挖掘文化意义的精髓，将抽象、形而上的文化概念具象化、日常化、精致化，并在日常生活和物件中表达出来。日本善于将文化做到极致，并将艺术引入生活，把抽象的艺术之美与生活的日常需求相结合，使民众在日常生活中体会艺术之美。另外，日本十分注重文化精神的形象构建。日本从"二战"时期法西斯战犯形象在战后短短几十年内，就迅速树立了"民主、文明、友好"的良好国家形象，这要归功于日本文化对国家形象的重新塑造，日本在对内文化教育、对外文化宣传中十分注重打造和谐、平等、友好的一面。

（3）以文化输出助力文化软实力建设。Cool Japan 战略是近年来日本政府提出的文化软实力战略，它以向海外传播日本文化为导向，强调文创、动漫、音乐、设计、饮食和旅游等要素融合发展，通过强化政策供给（加大宣传推广和金融支持）、完善公共服务（构建海外拓展支援机构网络）、破除体制藩篱（营造官民一体化模式）等途径，培育具有国际竞争力的产品和服务。① 日本文化输出的超强实力是建立在厚重的历史文化积淀和绵延不绝的文化传承基础之上的，日本既为传统文化留下了巨大开阔的存留空间，更为新事物、新文化开创了更为广阔的发展空间，这些都在对外文化传输中散发出独特的文化魅力。

从远古伏羲氏"刳木为舟，剡木为楫，舟楫之利，以济不通"开始，中国人逐渐认识海洋、探索海洋，直至今天蛟龙入海，日月新天，就是因为有了这些无数的海洋文化遗产，才能够让我们得以跨越时空的阻隔，探究祖先披荆斩棘、艰难探索的海洋之路，了解他们百

---

① 汤治：《中华文化如何走出去？文旅融合的日本文化输出战略及启示》，《文化产业评论》2018 年第 21 期。

折不挠、勇往直前的胆气和智慧。历史埋藏过去，也蕴蓄未来。海洋文化遗产的发掘和保护之路漫长，需要一代又一代人的踏实努力，这既是我们的历史责任，也是我们面向未来的底气。

# 第四节　山东海洋文学发展概述及存在问题探讨

海洋文学史海洋文化遗产的重要组成部分，更直接地展现了人类在向海而生的进程中人们对海洋的敬畏与爱憎。在中国，海洋文学最早可以追溯到《山海经》，其中蕴含大量与海洋有关的历史、地理、宗教等方面的文化信息，尤其对山东史前东夷文化的书写，既具有珍贵的史料价值，也充分证明了山东存在已久的海洋文学基因。海洋文学，顾名思义，就是以海洋为或者描写对象，反映海洋世界、人类自身以及人类与海洋之间关系的文学。

## 一　山东海洋文学的历史积淀

中国涉海类的文学作品很早就存在，抒情诗歌、散文，叙事类作品在中国文学史上俯拾皆是，然而海洋文学从来不曾作为一个独立的文学门类出现。比较西方来看，西方的海洋文学极为发达，从荷马史诗《奥德赛》、古希腊神话开始，西方文学就建立了与海洋的密切联系。曾有人说"中国文化是山，西方文化是水"，不仅反映了文学本身与海洋之间的亲密程度，更表达了中西方对于海洋的不同的态度以及东西方文学的不同风格。近代以来，由于航海技术的发达，很早就催生了新的文类，詹姆斯·费尼莫·库柏在1824年写《领航者》时，就被时人称为"海洋小说"。也相应出现了海洋冒险小说、海盗小说等诸多海洋题材小说。相对来说，中国文学是以农耕文明为其起点的，早在远古民歌中就出现了"续竹、断竹、飞土、逐肉"这样表现狩猎场面的文学样式。虽然无论从时间跨度还是从地理空间来看，农耕文明在中国乃至在山东都占据着绝对优势，但这并不妨碍中国人对海洋的向往、探索和从而衍生的文学的有序发展。

　　自秦汉时期山东海洋文学得以蓬勃发展，究其原因，则在于秦汉时期的仙语文化的盛行。闻一多先生在《神仙考》中提出，神仙思想之所以在海滨之地齐国产生，"是由于齐地滨海，海上岛屿及蜃气都是刺激幻想的对象"。早在《列子》中就出现了海洋叙事作品《列姑射山》，"列姑射山在海河洲中，山上有神人焉，吸风饮露，不食五谷；心如渊泉，形如处女；不偎不爱，先圣为之臣……"，另一篇《渤海五山》更明确地将最繁荣的时代确定为在求仙意识最盛的秦汉时代，方士文化催生了大量的以"海上神岛""海上神仙""海上仙药"为内容的海洋想象和叙事的作品。山东的海洋文学也是从秦汉时期逐渐形成了自己独特的风格和魅力。山东最负盛名的两个宗教圣地蓬莱仙阁和崂山，都是中国古人向往的求仙之所。"东方云海空复空，群仙出没空明中。摇荡浮世生万象，岂有贝阙藏珠宫？心知所见皆幻影，敢以耳目烦神工！岁寒水冷天地闭，为我起蛰鞭鱼龙。重楼翠阜出霜晓，异事惊倒百岁翁。"这是千古名士苏东坡对蓬莱仙阁的描绘，古往今来诸多名士快意登临蓬莱阁，凭栏远眺，观海赋诗。崂山是中国道教文化的核心，古称劳山、牢山、鳌山。《齐记》中有"泰山虽云高，不如东海崂"之说，秦始皇、汉武帝都为寻求仙药，在此登临，唐代也曾有方士进山为唐玄宗炼药。蒲松龄曾在此登山观海，作《崂山观海市作歌》。古代山东海洋文学多以神话传说、求仙诗歌、自古以来留下许多道教文化的民间传说。

　　山东早期的海洋文学常常充满奇幻的想象，富有神秘色彩，同时还有很多先贤以海洋作比，阐释哲学道理，这些譬喻精到深刻，发人深省，也能够看出海洋在中国文学中所承担的理性精神。孔子有"道不行，乘桴浮于海"之句，孟子也多次引用海洋意象来阐明哲理："孔子登东山而小鲁，登泰山而小天下，故观于海者难为水，游于圣人之门者难为言。""观水有术，必观其澜。日月有明，容光必照焉。流水之为物也，不盈科不行。君子之志于道也，不成章不达。"

　　唐代李白曾因"顾余不及仕，学剑来山东"，并在山东驻留多年。李白对大海情有独钟，许多诗句都以海为主题。其中《东海有勇妇》讴歌了齐地的孟姜女不辞万死，为夫报仇的义勇行为："东海有勇妇，何惭苏子卿。学剑越处子，超然若流星。捐躯报夫仇，万死不顾生。"
这首诗正是诗人内心深处侠义思想的写照。李白写崂山："我昔东海
上，劳山餐紫霞。亲见安期公，食枣大如瓜。中年谒汉主，不惬还归
家。朱颜谢春辉，白发见生涯。所期就金液，飞步登云车。愿随夫子
天坛上，闲与仙人扫落花。"李白写蓬莱："传闻海水上，乃有蓬莱
山。玉树生绿叶，灵仙每登攀。一食驻玄发，再食留红颜。我与从此
去，去之无时还。"是人一生漂泊四海，曾经壮志凌云，但终究一生
襟抱未曾开，常常有脱离尘世之想。杜甫 24 岁曾经游历山东，除了
那首著名的《望岳》之外，还写过以海为题材的诗词《登兖州城
楼》："东郡趋庭日，南楼纵目初。浮云连海岱，平野入青徐。"十年
之后，杜甫再回山东，还记下了他与李白之间垂范后世的深厚友谊：
"余亦东蒙客，怜君如弟兄。醉眠秋共被，携手日同行……不愿论簪
笏，悠悠沧海情。"

元丰八年（1085）苏轼被起用知登州（蓬莱），十月十五日到
任，二十日奉调礼部郎中，在任仅五日，却留下了千古绝唱《海市
诗》，据史料记载，苏轼回京立即向宋哲宗上了两个奏折：一是《登
州召还议水军状》，二是《乞罢登莱榷盐状》，这两个奏折体现了苏
轼进亦忧退亦忧，勤政爱民的赤诚情怀，至今在蓬莱流传着"五日知
登州，千年苏公祠"的美谈。

南宋时期辛弃疾身处乱世，壮志难酬，他写海洋，常常有一种悲
壮之情："谓经海底问无由，恍惚使人愁。怕万里长鲸，纵横触破，
玉殿琼楼。虾蟆顾堪浴水，问云何玉兔解沉浮？若道都齐无恙，云何
渐渐如钩？"此番望月，山河破碎，悲从中来，只有一声哀叹。

明代中国造船与航海技术达到了历史上的高峰，海上丝绸之路地
位逐步凸显，出现了郑和七次下西洋的壮举，记述航海、游历的叙事
类文学明显增多。如《镜花缘》等小说，以志人志怪为主，兼具讽喻
现实。到了清代蒲松龄的《聊斋志异》，写出许多奇特的海上风物，
海外趣闻、海盗历险等，其中《罗刹海市》最具代表性。海中一个岛
国，人们以丑为美，美丑颠倒，其荒诞不经的故事情节尖锐地指向现
实，抨击"世情如鬼"、黑白颠倒、是非不分的丑恶现实。

## 二　山东省海洋文学发展现状及存在问题

近现代以来，山东本土作家逐渐崭露头角，当代著名作家杨朔（1913—1968）创作《蓬莱仙境》《雪浪花》《海市》等多篇散文，曾将开创中国当代散文新的范式，作家善于捕捉生活中的普通片段，以诗意的笔墨反映时代侧影，表达深刻的人生感悟和哲理，既富有时代特征，又充满浪漫主义气息，有着鲜明的艺术个性。另一位山东作家俊青，他的散文深情饱满，语言风格有着海洋一般的豪迈气势，例如散文《沧海赋》，短篇小说《怒涛》，长篇小说《海啸》反映20世纪40年代胶东解放区遭遇自然海啸的袭击，党派出以宫明山领导的运粮小分队，战胜了海匪、国民党特务、日本鬼子的封锁圆满完成任务。其中描写自然风光和民俗风情都具有浓郁的胶东地域色彩，反映了沿海地区真实的乡野气息，在当时广为流传。另一位被称为"海岛作家"的张岐，他的《螺号》《渔火》《灯岛》《向阳屿》《彩色的贝》《蓝色的足迹》等一系列散文诗，都以充满深情的海洋、海岛书写，为山东当代海洋文学开掘了新的诗意空间。张炜是山东本土颇具代表性的作家，他从小生在海边，小说很多取材于故乡胶东半岛的生活，小说集《怀念黑潭中的黑鱼》细致描绘了故乡独特的风土人情和历史变迁。另外，还有像宗良煜、王佳斌、姜树茂、王润滋、李杭育、刘玉堂等山东本土作家和刘白羽、冰心、老舍等客居山东的作家的创作，共同构成了近代以来山东海洋文学的基本形态。

近年来，山东海洋文学创作却并不丰厚，尽管山东作家许晨的长篇报告文学《第四极——中国"蛟龙"号挑战深海》斩获鲁迅文学奖，但山东省海洋文学的总体发展现状与飞速发展的海洋经济、科技相比仍然十分薄弱，其主要问题在于：

（一）作家海洋思维、海洋体验经验的匮乏

山东海洋文学有着深厚的历史积淀，近代以来，山东海洋文学不断向着现实掘进，形成山东本土独有的硬朗而又沉厚的地域风格。但如果将这些密集的文学宝藏与今天的文学现状相比较，不难发现今天山东本土作家的海洋文学创作是稀薄的。与其他沿海省份相比较，山东省作为孔孟之乡，其文学最深厚的根基仍然是农耕文明，这也是为什么我们总能在山东本土作家身上体会到一种浓重的道德意识和现实主义色彩。这是特色,也是瓶颈。山东作家更倾心于描绘土地,呈现齐鲁大地千年沧桑,一旦落笔土地,就显示出生命与自然巨大而深沉的力量,而在书写海洋方面却仍然难脱农耕文明的思想窠臼,保守持重,几乎都以"乡土"为其文学书写的立脚点。

山东省海洋文学发展缓慢的根本原因在于作家海洋思维、海洋体验、经验的匮乏,作家缺乏真正的基于海洋意识、海洋思维的文学意识。可以说,许多山东当代作家的海洋文学创作是以农耕文学的思维来书写海洋,讲求秩序、道德、寻找和皈依。张抗抗在谈及中国海洋文学时说,"我国虽然有着很长的海岸线,但是我们的文明一直是以农耕文明为主","现在的作家经常去西藏、新疆等地方体验生活,鲜有人去海洋,他们大部分是对海洋不了解的"。因此,中国当代真正熟悉海洋的作家少之又少,作家体验海洋生活的有限性以及作家自身文化结构局限性,都无法支撑作家创作出优秀的海洋文学作品。

(二)文学创作风格、主题比较单一,缺乏文学手法多样化和文学精神的深度探索

"在造物主手中,人类的生活是何等的难以捉摸!由于所处的环境不同,人们由此而产生的感情迥异。今天我们所爱的,也许是明天我们所恨的;今天我们所追求的,也许是明天我们所摒弃的;今天我们所企盼的,也许是明天我们所恐惧的,甚至是心惊胆战的。"这是《鲁宾孙漂流记》中的一段话,是西方人对来自命运、自然令人敬畏的多变性的集中表达。尽管人类对海洋已经有了很深入的挖掘、探索、利用和了解,但仍然有很多我们无法预知和无从知晓的存在。海洋对人类永远充满着神秘和魅力,这也是为什么海洋文学是古今中外人们书写的永恒主题之一。山东作家在书写海洋时,更愿意将海洋作为与大陆相对照的一个文化和精神的象征,陆地代表世俗纷扰,海洋代表离群索居;陆地代表厚重与保守,海洋则代表飘逸与宽容;陆地常常映射人性之恶,而海洋则往往代表人性纯善……由于现实生活的重负,作家为海洋赋予了更多理想主义色彩。"人生在世不称意,明朝散发弄扁舟",在现实中遭遇挫败,在海洋中寄寓理想,这是许多

中国古典海洋文学中所表达的内容，然而在今天，幻想和逃避，把海洋想象成一个世外桃源，已经失去了现实意义。古人很早就把海洋作为审美对象，纳入对历史与人生的思考之中，建立了人和海洋之间特殊的诗意和哲学。但遗憾的是，当代中国海洋文学并没能继续挖掘和发扬这类主题。当代山东海洋文学更多采用现实主义创作手法，描写滨海世界的风物人情，展现人类在自然面前的强大意志和生命力，然而缺乏对现实生命感悟的超越和提升，缺乏对人类命运与海洋之间深刻关联的整体思考和观照。

海洋因其变动不居、永远充满未知而令人着迷，作为孕育生命的世界，海洋是万物倚赖的生存空间，应该与土地一样得到热爱和敬畏，其中蕴蓄已知和未知的生命、力量需要不断地探索和挖掘。不同的时代有不同的海洋精神，作家只有积极回应时代和海洋的召唤，重拾古人探索海洋的勇气，放眼历史与现实，激发自我对海洋的独特的生命感悟，才能真正摹写海洋的精神。

**三　山东省海洋文学发展的应用对策**

（一）鼓励民众和研究者共同关注海洋文学发展，提升作家的海洋文学自觉，大力培养海洋文学创作和研究人才

我国学术界对海洋文学研究起步较晚，更谈不上什么研究体系，海洋文学的发展一直是自发的，始终没有形成一种文学自觉。这与西方国家，特别是美国，有很大的差异性，在美国，海洋文学已经成为一门独立的学科，一些大学聘请具有丰富航海经历和创作研究经验的海洋文学作家或研究者开设海洋文学研究课程。这对于培养海洋文学意识、加强创作者对海洋的深入了解。集中培养海洋文学创作研究人才都非常有利。

近年来，山东在海洋文化研究方面虽然取得了不俗的成绩，但海洋文学研究主要是作为海洋文化研究的一个分支而存在，始终没有形成一个独立的研究学科门类，同时，研究者和民众对海洋文学的关注度并不高。但实际上，海洋文学对于培养人们的海洋意识，提升海洋文化自觉，甚至对海洋经济、科技的发展都具有重要的推动作用。文学对于人类的深刻影响毋庸置疑，我们知道，许多远大理想的树立、

人格的形成以及战胜现实重重困难，实现人生价值的动力都来自文学。像《暴风雨》《鲁宾孙漂流记》《金银岛》《白鲸》《老人与海》等西方经典的海洋文学不仅带给本民族以激励与勇气，也带给世界其他民族、国度以深刻的生命启示，我们源源不断地从这些经典作品中获得生命和创造的力量，获得战胜困难、克服险境的力量。这也是我们最终应该建立自己的海洋文学体系的重要原因。山东并不缺乏海洋文学的传统，但是我们不能仅停留于"兴渔盐之利，行舟楫之便"的认识，在这个"向海而生，背海而衰"的新时代，应该建立自己的学科体系，激励海洋文学创作，谱写新时代海洋华章。西方很早就开启了海洋文学创作与研究的自觉，尤其海洋文学相关学科和研究机构的建立，大大促进了海洋文学的发展。相比之下，中国海洋文学总体研究起步晚，海洋文学研究还未形成系统，无论是研究人员还是研究成果都十分薄弱。文学生态的形成是一个长期的过程，需要研究、创作以及受众的共同参与，形成文学自觉，最终成为文学创作的重要驱动力。浙江省在鼓励作家深入海洋生活，创作海洋文学方面做出了示范，浙江省为繁荣海洋文学，关注和挖掘海洋人文精神，已经举办了8届"岱山杯"海洋文学大赛，对于促进浙江乃至全国海洋文学的发展做出了积极的贡献。

（二）鼓励作家接触海洋，深入体验海洋生活，转换创作观念，建立海洋创作思维

文学来源于生活，每一部优秀的文学作品都包含作家扎实的生活体验。20 世纪 60 年代，为了写好《海岛女民兵》，作家黎汝清两次来到浙江洞头渔村深入体验渔民生活，在洞头住了半年多，经过长期海岛体验，小说成功地塑造了生于斯长于斯的海岛女民兵形象，细致描绘了极具地域特色的海岛风光，中间穿插海岛上流传的神话传说以及民间传唱的海岛渔歌，在 60 年代中国文坛中脱颖而出，传诵一时。

中国古代文学中虽然诞生了许多优秀的海洋文学诗篇和散文，但总体来说，作家的创作思维都是建立在海洋之外的陆地上，基于对生命、自然、海洋神秘力量的敬畏与感悟进行创作。这种遥望大海发出的咏叹和感悟，在古人那里已经到达了极致。例如曹操的千古名篇

《观沧海》："东临碣石，以观沧海。水何澹澹，山岛竦峙。树木丛生，百草丰茂。秋风萧瑟，洪波涌起。日月之行，若出其中。星汉灿烂，若出其里。幸甚至哉，歌以咏志。"就是通过对高山大海的描写来抒发诗人内心感悟天地、奋发昂扬的豪迈之情。古代中国，受制于科技和交通条件，传统诗文以观海抒情、奇幻想象居多，海洋象征着与陆地的等级、秩序完全不同的世界，是超然物外的博大与自由。近代以来，国人对海洋与海外的联系越来越密切，对海洋的了解和探索也更具有现实性，但真正基于海洋思维的创作仍然十分稀缺。仅仅从遥望、想象的层面书写海洋，已经远远不能适应时代对海洋文学的要求，新时代海洋文学应该寻求新的突破。

西方海洋文学的发达，更多体现为与时代的互动和对时代发展的深刻影响。1824 年库柏出版了《领航者》，描绘了美国独立战争期间，约翰·保罗·琼斯驾驶私掠船，沿着苏格兰海域巡航的壮举。《领航者》被大仲马誉为"有史以来第一部……也是目前为止最好的航海小说"。它在美国引起了巨大的轰动，对后来西方海洋小说也影响甚巨。"通过强调这种技艺的冒险经历是献身于海上工作的职业海员那种冒险，库柏的海洋小说加入到了整个 19 世纪全球先进的资本主义国家所盛行的工作讨论中。这种讨论，跨越了哲学、政治哲学、初期的社会学、人种学，以及艺术，作为一种使得传统的劳作方式在工业化和城市化的浪潮中解体变得合理的方式而出现。这种关于工作的讨论也在自由民主的理想的交汇中出现，帮助刚被社会认可的工人阶级站出来进一步呼吁政治解禁"（玛格丽特·科恩，2018）。库柏的小说，不仅在文学史上占据一席之地，更大的价值在于其现实意义和社会影响力。通过小说，作家表达了对传统技艺海员的敬意，这是真正的民族精神，最终完成了美国独立的使命。西方海洋小说作家往往都具有丰富的海洋生活或者航海、捕鱼的经验，有的甚至就是水手出身。库柏的小说中一再出现"专业"这个词，作家曾向专业水手咨询以保证小说在航海方面的准确性。"库柏将航海工作与专业性联系起来时，他也将它与现实生活联系了起来。"从库柏开始，西方航海小说展现出了专业性和现实性，不但能够引起航海者和专业水手的强烈共鸣，更为读者提供了那个时代国家海洋发展的真实样本。

　　海洋创作思维的建立需要作家打破陆地与海洋二元对立的思想，站在新时代海洋文明的视野下，重新思考和定位海洋与人类之间的关系，挖掘民族文化中的海洋精神和海洋意识，加强海洋文学的自觉，锤炼文学品质。山东省厚重的海洋历史和文化底蕴已经为当代山东海洋文学的发展提供了坚实的基础，新时代，是中国海洋文化发展的新起点，亦是当代山东海洋文学发展的新起点。

# 第七章　加快实现山东海洋文化
# 产业高质量发展

　　我国是一个海洋大国。在从海洋大国向海洋强国的跨越中，海洋文化的发展开辟了一个崭新的纪元。构建以国内大循环为主体、国内国际双循环相互促进的新发展格局，需要让文化产业和海洋经济深度融入经济社会，助力经济实现高质量发展。海洋文化产业既是文化产业的重要组成部分，也是海洋经济领域不可缺少的一部分，它是在人与海洋和谐共荣、海洋生态环境与经济发展良性互动的价值理念基础上，以海洋文化资源为主要内容和载体的新型文化产业形态。近些年来，我国制定了一系列促进海洋文化产业发展的政策，沿海各省市也认真贯彻落实中央精神并相继出台了地方海洋文化产业发展的扶持政策，我国海洋文化产业的发展逐渐铺开（徐文玉，2018）。

　　山东发展的最大优势在海洋，最大潜力和空间也在海洋。"十四五"是山东省加快建设海洋强省的关键时期，更是进一步贯彻落实习近平总书记关于海洋强国战略重要论述以及对山东海洋工作重要指示要求的践行期。海洋文化产业契合我国活力、和谐、美丽、开放、幸福海洋的行动理念，大力发展海洋文化产业是山东海洋强省建设应有的文化构想和文化担当，既能够促进山东传统海洋产业的转型升级和海洋经济的可持续发展，也为加快海洋强省建设提供精神保障和道德滋养（徐文玉，2016）。

# 第一节　海洋文化产业前沿问题

## 一　海洋文化产业发展与国家战略关系的探讨

全球海洋战略地位不断提升，我国提出了"海洋强国"战略、海洋生态文明建设、"海洋命运共同体"构建、"一带一路"倡议等一系列与海洋发展相关的战略倡议，通过中国海洋文化的传承和发展，来探索海洋强国建设的文化功能发挥；抑或中国传统海洋文化"天人合一""人海和谐""四海一家"等优秀精髓在海洋生态文明建设和海洋命运共同体构建中指导发展海洋行为、强化文化认同、参与全球海洋事务的功能体现；抑或在中国海洋事业的发展中，探索海洋文化产业来带动我国社会发展、经济、国防、文化等方面的恰当模式。

## 二　探寻"海洋文化＋发展"的新模式、新思路、新业态

随着我国数字化进程的加快，"海洋文化＋数字化科技"将广泛地应用在海洋文化遗产的保护、海洋公共服务体系建设等海洋文化产业和事业的发展中，通过海洋文化与科技的融合，重点面向场景的创新、民生的应用等领域，以沉浸式的展览，或是特效的呈现方式、智慧式滨海旅游模式、海洋文化在线教育、海洋文化产业的直播带货等多种模式业态来促进中国传统海洋文化的活化传播和发展，推动海洋文化价值的转换，让海洋文化更广地走进人们的生活。

## 三　关注乡村海洋文化，振兴乡村海洋文化产业

"乡村海洋文化扶贫"将是我国沿海省份渔村发展需要探索的新模式和新思路。山东沿海渔村地区海洋文化产业资源丰富，尤其是在退捕上岸以后，如何充分利用这些资源来保障渔民的生活、帮助沿海渔村实现渔业和渔村的转型发展，这是一个极有意义且需关注的问题。另外，通过下沉式的海洋文化数字消费推广，也能够促进山东省沿海乡村、渔村的海洋文化的传播和传承效益，推动乡村海洋文化的振兴。

### 四　保护和发展海洋文化遗产

海洋文化遗产承载和记录了山东省的传统海洋文化基因，保护和传承海洋文化遗产是山东省提升文化实力的重要体现。通过对传统海洋文化的创造性转化和创新性发展来保护和发展山东省的海洋文化遗产资源、实现传统海洋文化与现实海洋文化的相通相融，共同来滋养和延续山东省的文化根脉，以文化人，这是需要在山东省海洋文化产业发展中深刻把握的重要问题。

# 第二节　海洋文化产业发展的经验借鉴

### 一　大力发展海洋文化产业

无论是从国际视角审视世界海洋大国海洋发展的脉络，还是国内沿海省份建设海洋强省的经验和规划，都离不开海洋文化产业发展的支撑。利用海洋文化优势发展为海洋经济优势，大力发展海洋文化产业也应该成为山东海洋强省建设的题中应有之义。

从国际视野来看，无论是日韩还是美英澳等西方国家，都很重视滨海旅游业、海洋文化休闲业等海洋文化产业的发展，并且多从人文地理、历史和水下考古、港口都市文化、海洋信仰等领域来强化本土的文化元素和地域特色。

从国内视野来看，广东省将文化考古、遗址修复、海洋展览、海洋影视等各类海洋文化业态作为重点发展领域，并通过发展海洋文化产业实现广东海洋产业的方向转移，推动海洋经济的转型升级；围绕海洋文化产业发展，福建省海洋与渔业厅联合福州大学共建"福建省海洋文化中心"，与兴业银行共同发起设立海洋文化产业发展基金，同时还成立了海洋文化产业发展协会，建设了沙坡尾海洋文化创意产业园等多个海洋文化创意园。海南省提出了建设海洋强省的重点产业培育对象，明确提出要发展海洋文化产业等十二个重点产业；在浙江省实施的"5211"海洋强省行动，"培育海洋文化，发展海洋文化产业"成为一个重要行动，尤其是舟山市，要依托"21世纪海上丝绸之路"挑起浙江海洋文化产业发展的重担。

## 二 打造山东地域特色海洋文化品牌形象和特色

山东省不同沿海地市的海洋文化资源种类、特征以及禀赋条件等不尽相同，如何利用地方海洋文化的特色和发展优势来打造本土海洋文化特色产业和创意产品应该成为山东省促进海洋文化产业高质量发展、提升山东海洋文化产业品牌竞争力和影响力的重要途径。一方面，要对已有的传统海洋文化产业名牌进行传承创新式发展，借助现代技术，通过功能创新、形式创新和产品线创新等形式，在传统海洋文化名牌的鲜明品牌定位和名牌元素基础上，丰富海洋生态文化产业传统名牌的文化内涵，进一步扩大传统品牌的知名力和影响力；另一方面，要深挖特色来打造本土海洋文化产业新品牌，形成新口碑，树立新形象，要从城市到农村来推进海洋文化资源的层层深入挖掘和内涵的不断丰富，扩大海洋文化资源的开发利用广度、深度和途径，扩大山东省现代化海洋文化产业的门类和领域。海洋文化中蕴含的是"趋利避害"的产业经济发展智慧，即依托于地方海洋文化资源特色，将比较优势转化为竞争优势（管振，2013）。因此，在海洋文化产业发展过程中，要严格控制产品和服务的同质化发展倾向，不仅要注重提高产品和服务的文化价值、技术含量、艺术品位、情感享受（张振鹏，2016），还要将具有当地竞争优势的海洋文化资源因子融入其中，创意性地发展极具地方特色内容和显明地域海洋文化资源特征的产品和服务，将地域文化特色和底蕴融入海洋文化产业的新名片创造，打造具有地方本土特色和优势的海洋文化产业，提高本土海洋文化产业的质量和核心竞争力。

## 三 实现海洋文化产业的跨界融合发展

海洋文化产业如何发展是中国沿海省份近几年来推动海洋文化产业发展的模式思考重点，而跨界融合发展是实现海洋文化产业现代化发展的重要途径。跨界融合一方面是实现海洋文化与第一、第二产业的融合，比如通过上下游产业融合将海洋文化旅游业与海洋休闲渔业、海洋工艺产品业以及纵横向的民俗产业、餐饮产业等产业结合起来，形成海洋文化产业在较好程度上的集群式发展，同时建立成熟的海洋文化产业配套产业和相关支持服务系统，扩大海洋文化产业整体格局，提供多样化、一体化的海洋文化产品和服务，最大限度带动和满足人们对海洋文化的多样需求；另一方面，海洋文化产业的跨界融合体现在发展方式上，即海洋文化产业的市场主体通过加强自身技术创新和研发，将其应用于海洋文化的创意和传播、产品和服务制造模式的创新，尤其是在当前互联网技术与服务不断发展与推进的环境下，海洋文化资源也需要借助"互联网思维"进行网络数字化的开发与整合，实现"互联网＋海洋文化"的产业模式。

**四　推动山东省海洋文化公共事业提质增效发展**

海洋文化公共服务基础设施的建设和完善是推动海洋文化公共事业发展的一项基本措施，同时，加大对海洋文化公共基础设施的投入力度，鼓励和支持基础设施和重点项目的建设也是沿海省份海洋文化公共事业发展的重点。在海洋文化公共产品和服务的供给方式上，采用的是在政府主导的同时引入市场机制，并鼓励社会力量参与到海洋文化公共产品和服务的供给中；在供给方式上，除了完善公共基础设施建设工程外，还充分利用"互联网＋"、移动通信网、广播电视网等技术和媒介设备，实施数字海洋图书馆、海洋博物馆、海洋美术馆、海洋文明展览馆等项目，通过建立海洋文化公共服务的数字化社区，来扩大海洋文化公共产品和服务的供给范围。

**五　海洋文化产业的高质量发展**

山东省应提升海洋文化产品和服务的有效供给，逐步实现海洋文化产业的转型升级，引领海洋文化产业的高质量发展，满足公众对高质量海洋文化的需求。首先，依托于各沿海地区海洋文化资源特点，以重大项目为带动，统筹发展多种类型的海洋文化产业，同时，借助数字化、多媒体、信息化等技术，拓宽海洋文化的消费渠道，培育公众海洋文化消费的新认知和新心理，形成消费新增长点，带动海洋文化产业的发展。其次，推动海洋文化产品和服务的高效、高质供给，提供更多满足公众多样化需求的海洋文化精品内容和优质服务，在遵循市场规律和海洋文化特征的基础上，通过制度设计和战略计划，增加和完善海洋文化产品和服务的新兴市场、供给渠道和消费群体。比如在海洋文化休闲市场上，不仅要做好老年人市场的有效供给，还要利用现代人对休闲养生的关注，扩大和细分出符合中青年群体的海洋文化休闲产品和服务的消费市场，并针对高收入高学历群体和中低收入低学历群体分别设计出不同层面的海洋文化产品和服务，增加海洋文化的供给有效性（徐文玉，2018）。

### 六　海洋文化产业发展的合作与交流

山东省应利用海洋这一媒介成为具有更加广阔深远的文化软实力的综合性"海内外"名省，需要的是将山东海洋文化产业的市场开发力和发展力、社会的推动力和影响力、政治感召力及文化的吸引力和推动力一起推向海内外，这应该包含在山东建设海洋强省的战略内容里。首先，要利用现有的"21世纪海上丝绸之路"等平台，开展海洋文化产业发展的国际交流合作，合理利用我国沿海各省份乃至海外要素资源和巨大市场，引进资金技术，拓展海洋文化资源有序开发和海洋文化创新能力，提高海洋文化产业的竞争力；其次，要通过建立海洋文化产业发展联盟等形式，创新海洋文化产业的合作机制，引领沿海省份海洋文化产业的发展；最后，还要借助海洋文化产业发展协会、海洋文化产业研究的学术机构团体等智库，集合社会力量和民间力量，协同推进海洋文化产业的发展与合作交流。

# 第三节　山东省海洋文化产业发展
# 存在的问题和对策

### 一　山东省海洋文化产业发展存在的问题

在近几年山东省海洋文化产业的发展中，产业门类和内容不断丰富，产业结构进一步优化，山东海洋文化产业取得了较好的成绩，但对比浙江、福建、广东等省市，海洋文化产业的发展力度明显不足，这其中存在的主要问题有：

第一，缺乏海洋文化产业发展的顶层规划和政策扶持。目前，山东海洋文化产业的发展正处于初级阶段，其发展和繁荣的关键点是要重视顶层设计，并制定正确的发展战略。虽然在《山东省海洋经济发展十三五规划》中，提出要"发展海洋文化旅游业，打造现代海洋服务业发展先行区"，在刚出台的《山东海洋强省建设行动方案》中，也提出要"合理布局海洋文化产业，着力构建特色鲜明的现代海洋文化产业集群"，但针对具体的海洋文化产业发展目标、方针、方法、理念等都没有进行详细合理的规划和设计，缺乏对山东海洋文化产业发展的科学引导。在 2018 年 10 月出台的《山东省沿海城镇带规划（2018—2035 年）》中也没有针对各个沿海地市的发展规划而提出相应的海洋文化产业发展策略。另外，针对海洋文化产业发展的扶持政策和配套设施建设尚不完善，海洋文化产业市场规范也有待提高，许多政策法规或是仍使用综合性的管理办法，或借鉴和套用文化产业、海洋服务业的管理办法，阻碍了山东省海洋文化产业管理和发展的效率。

第二，对海洋文化资源的挖掘和利用不充分。山东省虽然有着丰富的海洋文化产业资源，但较之浙江、广东、海南等地，海洋文化产业的发展却相对滞后。近些年来，山东沿海各地市陆续开始利用地方海洋文化资源进行产业化发展，但是海洋文化产业发展仍处于初级阶段，不同沿海地市区域条件和资源禀赋不同，但海洋文化经营业态雷同，产业同质化、低端化等特征却较为明显。从目前的发展来看，大多数地市对海洋文化资源的利用集中于传统的业态和门类，产品种类不够丰富，科技含量较少，产业资源利用效率不高，且对海洋生态环境带来了一定程度的破坏。以山东半岛为例，截至 2015 年年底，山东半岛蓝色经济区共挖掘、统计、调查出 1255 项尚在开发、或未开发的海洋文化资源，其中青岛 335 项，烟台 343 项，威海 243 项，日照 124 项，潍坊 68 项，滨州 83 项，东营 59 项（高乐华、曲金良，2015）。如果这些海洋文化资源能够依据现代化市场技术方法和消费者的升级需求来进行合理、高效的开发利用，不仅会极大带动海洋文化产业的多元化、升级化、健康化发展，还将拓宽山东沿海地市开发利用海洋的维度和深度，促进山东传统海洋产业的转型升级发展和海洋经济的可持续发展。

第三，区域海洋文化产业发展不平衡。烟台、日照、青岛、威海、潍坊、东营、滨州沿海 7 市有着不同的海洋文化产业资源禀赋条件和优势，一方面，青岛、烟台、威海占据着大多数的海洋文化产业资源，但日照、东营、滨州海洋文化产业资源不够丰富，资源数量自东往西呈现阶梯式递减的趋势，在海洋文化产业发展的过程中，占据区位优势的城市在陆域经济的辐射下，整个区域的涉海资本、劳动力、技术等生产要素会大量地集聚流入，海洋文化资源得到高效的开发利用，从而呈现出不同的海洋文化产业发展速度；另一方面，从海洋文化产业的发展水平来看，青岛、威海、烟台三地市呈现出集聚式发展的趋势，大量人才、资本和技术等区位优势要素的流入，使得这几个地区海洋文化产业集群程度相对较高。较之滨州、日照、潍坊、东营 4 个地市的集聚式发展水平差异明显。因此，应采取适当的政策倾斜，提高海洋文化产业发展落后地市的区位和市场优势水平，为相对落后地市提供有利于形成产业集聚的政策条件。

第四，海洋文化公共服务体系不健全。截至 2018 年年底，在国家海洋局批复建成的 49 个国家海洋公园与保护区中，山东省共有 11 个；① 在 43 处全国海洋意识教育基地中，山东省共有 6 处②；在国家海洋局批复的带动产业发展的 21 个全国海洋文化产业示范基地中，山东省共有 3 处③。除此之外，山东省还有青岛海洋博物馆、威海海洋美术馆等博物展览类基础设施，这些公共海洋文化基础设施在一定程度上满足了公众的海洋文化需求，但也存在着明显的公共服务供给不足和不均衡的现象，尤其是沿海地市的农村地区，难以享受到海洋

---

① 山东省的 11 个国家海洋公园与保护区分别是：刘公岛国家级海洋公园、日照国家级海洋公园、山东大乳山国家级海洋公园、山东长岛国家级海洋公园、山东烟台山国家级海洋公园、山东蓬莱国家级海洋公园、山东招远砂质黄金海岸国家级海洋公园、山东青岛西海岸国家级海洋公园、山东威海海西头国家级海洋公园、山东烟台莱山国家级海洋公园、青岛胶州湾国家级海洋公园。

② 山东省 6 处全国海洋意识教育基地分别是：青岛水族馆、山东青岛黄岛区隐珠中学、东营市海洋宣传教育基地、青岛海洋科技馆、刘公岛中国甲午战争博物院、青岛海逸学校。

③ 山东省 3 处全国海洋文化产业示范基地分别是：中国科学院青岛科学艺术研究院、中国海洋大学出版社、山东无棣海丰集团有限责任公司。

文化基础设施建设带来的生活福利；在海洋文化教育与科研领域，让海洋文化走进校园形成特色教育有待深化，海洋文化的科研力量目前主要集中于中国海洋大学、山东省海洋经济文化研究院等几个单位，科研力量和人才培养的力量明显不足。目前，哈尔滨已建立了首个海洋文化教育联盟，浙江成立了海洋文化研究会，福建有海洋文化产业协会，中国第一部海洋文化产业蓝皮书《粤桂琼海洋文化产业蓝皮书（2010—2013）》也在广东省发布，而山东省的步伐明显滞后。

## 二　山东省海洋文化产业发展对策

山东省海洋文化产业的发展与繁荣需要确定好"山东方向"、"山东维度"和"山东方略"。

### （一）海洋文化产业发展的"山东方向"

"山东方向"要求我们明确山东省海洋文化产业发展的具体原则和目标，即站在全省乃至全国海洋文化产业发展的战略高度，通过进行合理规划、科学设计，来明确山东省海洋文化产业应有的发展目标、发展方针、发展方法、发展理念等，为海洋文化产业的发展提供宏观指导和整体把控。山东海洋文化产业在发展原则上应该做到：统筹协调、合作共享、创新引领、开放包容、人海和谐；在发展目标上应该实现：海洋文化资源得到有效的保护、合理的利用和有效的传承，海洋文化产业规模不断扩大，产业布局不断优化，产业增加值占全省海洋经济比重显著提高，海洋文化公共产品和服务供给能力大幅提升，全省海洋文化产业发展走在全国前列，为山东建设海洋强省提供有力的支撑。

### （二）海洋文化产业发展的"山东维度"

"山东维度"阐述了山东省发展高质量海洋文化产业的行动纲要，即山东海洋文化产业的高质量发展是基础，山东海洋文化资源的传承保护和海洋生态环境的有效保护是产业发展依托，海洋文化产业发展的不断创新是主线，繁荣山东海洋文化、筑牢文化根基是保障四个维度。

其中，以海洋文化产业高质量发展为基础，是指统筹山东沿海区域以及城乡海洋文化产业资源，合理布局和规划海洋文化产业，构建特色鲜明、优势明显的现代海洋文化产业集群，推动发展乡村海洋文化产业；以海洋文化资源和生态环境有效保护为依托，是指在发展山东海洋文化产业的过程中，要充分挖掘并保护海洋文化资源，同时使得海洋生态环境得到有效的保护；以海洋文化产业创新为主线，是指在壮大传统海洋文化产业门类的基础上，将创新融入海洋文化产业发展的新视角、新思路、新举措，通过产品和服务的技术创新、"海洋文化＋"式的跨界融合等形式实现产业发展模式的创新，不断培育山东海洋文化产业新业态、新产品以及消费的新模式、新理念，打造具有核心竞争力的山东海洋文化特色品牌；以海洋文化繁荣为保障、筑牢文化根基，是指通过山东海洋文化的传承、保护、传播和发展，提升公众的海洋意识和海洋文化素养，形成全省人民关心海洋、认识海洋、经略海洋的良好社会氛围，为推动海洋文化产业的发展提供精神保障和动力支撑。

（三）海洋文化产业发展的"山东方略"

"山东方略"具体阐述了山东省大力发展海洋文化产业要"以大带小、从大到强、走在前列"的发展路径、"陆海统筹、区域协调、城乡一体"的发展空间和"平台搭建、跨界融合、聚焦民生"的发展模式，"政策扶持、人才支撑、传承保护"的发展保障。

第一，"以大带小、从大到强、走在前列"的发展路径。

以大型的、先进的、国有性质的海洋文化企业作为基础力量，带动和引领山东省海洋文化产业的发展，通过不同规模、不同属性、不同层次企业间的协同合作，共同创新山东海洋文化产业发展的新思路和新模式。鼓励这些企业借助各自的海洋文化资源特色和要素优势，来积极带动民营企业、中小型企业打造产业集群化和协同化发展，逐步提高山东海洋文化产业的规模化和集约化水平，成为参与省内外、国内外海洋文化产业竞争的中坚力量，走在全国海洋文化产业发展的前列。

第二，"陆海统筹、区域协调、城乡一体"的发展空间。

要合理布局山东海洋文化产业结构，打造结构合理、特色鲜明、成效显著的现代海洋文化产业集群，需要对山东海洋文化产业发展的空间进行新的统筹规划和设计。

　　首先，山东海洋文化产业的发展要推动实现山东经济的陆海统筹发展，即不仅要在 7 个沿海地市大力发展海洋文化产业，还要将这些沿海地市海洋文化产业的发展辐射到山东省内陆地区中去，实现海洋文化资源、产品和服务在全省广泛范围内的合理配置和有效供给。

　　其次，要协调山东省 7 个沿海地市的海洋文化产业发展，依托青岛、烟台、威海、潍坊 4 个地市现有的海洋文化产业发展基础，进一步做大做强海洋文化产业的高质量发展，同时，加快对日照、东营、滨州海洋文化产业发展的规划和建设步伐。一方面，通过建立虚拟的海洋文化产品和服务供给和需求深入平台，建立海洋文化产业资源的山东省海洋文化信息资源共享机制，以及海洋文化产业发展的沟通、交流、学习机制；另一方面，要充分结合各地市的海洋文化产业资源特点和优势来制定符合当地特色的海洋文化产业发展战略，在山东省，依据 7 地市各自的资源优势，因地制宜，例如：青岛市在发展服务型海洋景观与科技文化产业的基础上，通过加快建设青岛"电影之都"来发展海洋文化娱乐产业，烟台市着重发展教育型海洋遗迹文化产业，威海市着重发展体验型海洋民俗文化产业，日照市着重发展观赏性海洋娱教文化产业，潍坊市着重发展服务型的海洋娱教文化产业，滨州市着重发展观赏型海洋文艺文化产业，东营市着重发展服务型海洋景观文化产业。以此，来重点培育具有比较优势和发展潜力的特色海洋文化产业，形成各自不同的品牌优势、把握住核心竞争力。通过科学的统筹规划，来推动山东省海洋文化产业发展功能区块的优化设计，实现不同地市间海洋文化产业的合理布局，缩小山东省沿海地市海洋文化产业发展的差异，协同推动实现山东海洋文化产业的高质量发展。

　　最后，在山东省的沿海社群中，沿海农村、渔村地区有着丰富的、原汁原味的海洋文化资源，是我国现代海洋文化产业中饱含传统文化韵味和特色的海洋文化创意和灵感的来源，因此发展山东省农村海洋文化产业，培育农村产业新业态，不仅是培育海洋经济发展新动能的有效途径，更是振兴山东省乡村发展的有力举措（张忠，2015

年)。因此,可以通过挖掘和拓展沿海农村、渔村地区海洋文化创意、元素和灵感,开发利用不同乡村各具特色的海洋文化资源,来振兴山东省农村、渔村的海洋文化发展,培育沿海乡村特色海洋文化产业。例如沿海渔村可以借助滨海旅游资源发展渔村休闲旅游、休闲渔业、乡村生活体验等不同类型海洋文化产业;拥有传统节庆资源的农村、渔村则可以通过大力发展和宣传节庆资源,诸如举办金沙滩文化节、荣成渔民节、日照刘家湾赶海节等丰富的海洋文化节庆活动来发展海洋文化产业;在山东省各市地方政府的规划和带领下进一步开发青岛田横岛、威海海草房等历史和民俗海洋文化等方式来开发和繁荣农村地区的海洋文化(郑贵斌等,2011)。由此通过不同的路径来强化农村、渔村海洋文化的产业创新体系,在传承优秀民俗海洋文化的基础上实现海洋文化产业的新发展和沿海农村经济的新振兴,从而形成沿海农村海洋经济发展的新动能。

第三,"平台搭建、跨界融合、聚焦民生"的发展模式。

平台建设能够为产业主体创造良好的成长条件和空间,是加快山东海洋文化创意向产品和服务转换的有效媒介,也是实现山东沿海与内陆地区海洋文化资源共享共用的有效途径。在平台搭建上,不仅要打造产业孵化发展的实体平台,建设"海洋文化创意集市"虚拟平台,通过互联网、云科技、大数据等技术为山东沿海与内陆地区提供海洋文化创意转化与产品推广、营销平台,为山东与国内外地区的沟通与合作架搭建桥梁,推动青岛"电影之都"与世界影视文化实现有效链接,形成山东海洋文化精品品牌,提高山东海洋文化的核心竞争力;还要借助互联网、直播平台等打造多媒介、多渠道的海洋文化传播路径,让公众身临其境地感受海洋文化、更真实地了解海洋文化产业,提升山东省公众的海洋文化素养和海洋文化的影响力,为山东海洋文化产业的发展提供精神支撑。

跨界融合发展是指鼓励利用新技术与新业态实现海洋文化与第一、第二产业的融合发展,尤其是在装备制造、医疗健康、餐饮娱乐等产业领域,以海洋文化作为根基,以高新技术创新作为关键,在产品、服务和技术等方面进行产业的交叉和重组,实现从传统的单一涉海产品和服务到多元、现代、高科技的海洋产业转型升级，拓宽海洋文化产业的覆盖面与内涵深度，增加产业的附加值与竞争力。

聚焦民生应该是山东省海洋文化产业发展的重要目标导向，也是山东发展和繁荣海洋文化应有的逻辑起点。一方面，山东海洋文化目前存在着消费缺口较大、供给相对不足、公益性海洋文化事业发展滞后、海洋文化民生建设不平衡不充分等问题。因此，山东海洋文化产业的发展必须以满足公众日益增长的海洋文化需求为导向，保障人民的海洋文化权益，尤其要完善海洋文化公共服体系，大力建设基层海洋文化。另一方面，在山东沿海地区，还有着大量家族、家庭、个人式的个体从业者，他们在海洋文化产业主体中的力量是不容忽视的，这是海洋文化产业主体的基本面，无论是从可持续发展的角度还是保护民生、民计的角度，他们都应该得到有力的保障和支持，成为山东省重视、保护、并促进其发展的对象。

第四，"政策扶持、配套机制、传承保护"的发展保障。

政策扶持是要从宏观到微观制定山东省海洋文化产业发展的科学规划和扶持政策，并吸引和呼吁政府、社会等多层次力量共同为山东海洋文化产业的发展提供宏观指导和整体把控，为海洋文化产业的发展营造良好的市场环境和成长氛围，同时为山东海洋文化产业市场主体的发展和成长提供足够的保障性基础设施和技术创新支持，优化海洋文化资源在不同性质、不同级别市场主体中的配置，实施适当的政策倾斜，协调区域海洋文化产业发展，为相对落后地市提供有利于形成海洋文化产业发展的政策条件和指导，同时，引导大型企业、老企业、先进企业在海洋文化产业的市场中发挥带头作用和模范作用，加大对民营、中小型海洋文化企业和个体从业主体的扶持力度，尤其是要保护个体的发展，着重实施渔村渔民振兴战略，为发展农村特色海洋文化产业提供充足的政策保障。

配套机制需要在山东海洋文化产业的发展中做好科技、人才支撑。在科技支撑上，山东省政府着力推动科技创新与海洋文化双向驱动的顶层设计，鼓励海洋文化产业的市场主体加强自身技术创新和研发，并应用于海洋文化的创意和传播形式、产品和服务制造模式的创新，打造有利于海洋文化与科技创新技术互相融合、交互协同的创新机制和创新环境，建立健全科技创新技术与海洋文化融合机制，鼓励海洋文化价值的增值创新，推动海洋文化产业的转型升级发展。

海洋文化产业的灵魂根基是海洋文化，海洋文化产业的高质量发展必须要做到以海洋文化的传承和保护为先，以海洋文化经济的发展为辅，同时兼顾海洋生态环境保护。因此，传承保护是要求在山东海洋文化产业的可持续发展中，要以海洋文化的传承保护为先，为海洋文化产业的发展提供资源和精神支撑，同时要通过新模式、新思路来发展符合时代需求、具有时代价值的现代化海洋文化产业来为山东省海洋文化的可持续发展提供经济基础支撑，实现山东省海洋文化的传承保护和发展繁荣的共生互促。另外，要建立高效、充分的海洋文化生产模式，实现对海洋文化资源多层次、高效的开发和利用，促进山东海洋文化产业的高质量发展。

# 第八章　山东海洋生态文明建设研究

生态兴则文明兴，生态衰则文明衰。自然生态系统是人类文明演化的空间载体，也是人类社会发展的环境依托，生态文明理念决定了人类文明发展的高度。党的十八大报告指出："面对资源约束趋紧、环境污染严重、生态系统退化的严峻形势，必须树立尊重自然、顺应自然、保护自然的生态文明理念，把生态文明建设放在突出地位，融入经济建设、政治建设、文化建设、社会建设各方面和全过程，努力建设美丽中国"，这为我国海洋生态文明建设指明了发展方向（李斌，2018）。

海洋是人类文明的摇篮，海洋生态文明建设不仅是生态文明建设的重要内容，更是我国海洋强国建设的核心任务，必将贯穿中华民族复兴的始终，成为国家走向繁荣富强的基础支撑。目前，海洋强国建设已成为我国未来发展的基本国策，但随着海洋经济的腾飞和海洋开发空间的拓展，近海海洋资源衰退、生态环境质量低下成为制约我国海洋经济持续健康发展的重要障碍。为此，习近平总书记曾明确指出，"发展海洋经济绝不能以牺牲海洋生态环境为代价，不能走先污染后治理的路子，一定要坚持开发与保护并举的方针，全面促进海洋经济可持续发展"[1]。

为全面贯彻落实国家海洋生态文明建设战略，全面开展海洋生态文明建设，从中央到地方，从科研院所到企业推出了一系列海洋生态

---

[1]　姚凌、牛宁：《关于海洋强国，习近平有这些重要论述》，《人民日报》（网络海外版），http://m. haiwainet. cn/middle/456318/2018/0613/content_ 31334480 _ 1. html，2018年6月13日。

文明建设重大创新举措，以加快推进国家海洋生态文明建设，实现陆海资源、环境和产业的协调发展，为国家海洋强国建设保驾护航。山东作为我国海洋强国建设的主阵地，海洋生态文明建设任重道远。"海洋兴则山东兴，海洋强则山东强"（刘家义，2018）。加快推进海洋生态文明建设，建设绿色可持续的海洋生态环境，重点解决海洋环境突出问题，加快修复海洋生态体系，建立健全海洋生态文明制度体系，实现海洋资源利用与海洋生态环境保护的协调发展，是山东海洋强省建设的题中之意。

# 第一节　国内外发展热点综述

## 一　国际海洋生态文明政策热点

防治陆海环境污染、保护海洋生态环境、维护海洋生态系统健康是沿海国家及地区海洋政策的重点内容，也是确保海洋资源与环境可持续利用的基础保障。

## 二　国际海洋生态环保经验借鉴

### （一）海洋环境治理

海洋环境治理主体的多元化。政府主管部门、科研院所、企业与公众等多元主体的共同参与是实现海洋环境有效治理的基本途径。如澳大利亚发布《澳大利亚海洋政策》，明确海洋环境管理机构、相关组织及公众的权利与义务，确保政策落实，相关利益主体可通过会议、论坛等形式来实现利益相关者的沟通与磋商，以提高多元主体参与海洋环境治理的效率。日本政府鼓励社会团体参与陆源污染治理，这可以有效缓解政府与民众间的矛盾，提高治理效率。同时对企业采用多种政策激励机制，从而调动企业参与海洋污染治理的积极性。

海洋环境治理手段的法制化。美国、日本、澳大利亚等均以法律手段为主，区域海洋规划和政府资助项目等为辅来推动海洋环境管理政策的落实。美国制定了一系列法律法规，在法律层面严格控制污染物排放入海标准，如《海洋倾倒法》《船舶污水禁排条例》等，此外还采用了临时、普通、研究、紧急以及特殊许可制度，规定了不同许可证具体的执行标准。英国早在 1974 年就制定了《污染控制法》，该法涉及海洋环境治理问题，此外还有《海洋倾废法》以及《1990 年油污法》等。澳大利亚制定了严格的海洋污染惩罚标准，对违规排污行为处以高额罚金，甚至判刑。

完善的海洋环境监测体系。建立完善的政策实施监督机制，澳大利亚联邦政府及各州都有专设的机构，其职责是调查、调解公民对政府或公务员的不满及腐败行为。建立完善的海洋环境监测预警网络，通过扩大监测范围、增加站点数量、完善监测指标等，加强对海洋污染政策执行效果的实时监督。加强海洋排污监测，澳大利亚对重点排污口实施实时连续监测，生活污水经收集处理后，要通过排污管道进行深远海排放。韩国以控制船舶及海洋设施海上污染防控为核心，制定了相应的海洋污染防治应急计划，并设置废旧船舶处理场，加强对海洋废弃物的打捞与处理。

注重海洋环境保护意识。公众与非政府组织的参与意识是国际海洋环境保护政策得以成功实施的关键。美国、日本先后制定了环境教育法，从法律层面建立了公众环保意识培育机制，使得环保意识培育融入全教育产业链。韩国政府通过环保宣传片、"全国海洋大清扫"等宣传和教育活动来提高民众的海洋保护意识，引导民众和中小学生积极参与海洋环境保护行动。

（二）海洋生态保护

重视海洋保护区建设。遵循适应性和预防性管理原则，建设代表性海洋保护区网络是国际海洋生态保护的重要趋势，特别是在重要的海洋生物物种和栖息地保护方面，海洋保护区起着越来越重要的作用。据世界自然保护联盟等《保护地球报告 2018》，全球海洋保护区覆盖面积持续快速增长，凸显各国对海洋保护区建设的重视。2018年，全球已有超过 2700 万平方千米的海域被划定为保护区，海洋保护区总量超过 1.5 万个，占全球海洋面积从 2016 年的 3.8% 增加到7%，各国领海内海洋保护区面积也从 10.2% 增至 16.8%。大型海洋保护区是近年来世界海洋保护区建设的重要趋势。2016 年，美国在夏威夷建立了帕帕哈瑙莫夸基亚海洋保护区，面积超过 150 万平方千米；南极生物资源养护委员会在南极设立了总面积 157 万平方千米的罗斯海保护区。2018 年，塞舌尔宣布建立两个大型海洋保护区，面积达到 21 万平方千米。

综合的海洋生态管理模式。基于生态系统的海洋综合管理模式是欧美海洋保护区管理的主流趋势。美国制定了海岸带综合管理规划，对海岸带保护与海域生态保育实施综合管理。加拿大则提出海洋综合管理原则，其《加拿大海洋行动计划》提出了海洋保护区建设综合管理计划，为加拿大海洋保护区网络发展奠定基础。澳大利亚建立了基于生态系统的综合性海洋生态保护协调与规划机制，对海洋保护行动实施分级综合管理。

多元的海洋生态保护融资体系。欧美国家海洋生态保育融资方式多样，包括财政拨款、政府债券、专项以及债务减免等政府投入，也包括社会赠款和私人捐赠。除了各国中央政府与地方政府的财政资金外，来自国际机构、保育基金会、非政府组织和个人的捐赠资金也占有相当比重。此外，环境或保护信托基金作为长期的资金供应主体被广泛采用，多元化、灵活的融资组合是欧美国家海洋生态保育融资具备可持续性的基础。同时，欧洲国家普遍征收生态税，通过税收的形式筹集海洋生态保护资金，并采用区域转移支付和环境友好型产品认证制度等来进行区域生态补偿，以满足不同地区的海洋保护资金需求。

健全海洋生态保护法律法规体系。欧、美等西方国家的海洋生态环保立法相对完善，形成了覆盖海洋生态保护各方面的法律与规制体系。如美国发布了《海岸带管理法》等相关法律法规，加拿大出台了《国家海洋保全区法》《加拿大野生动植物法案》等，欧盟的《欧盟水框架指令》《欧盟环境责任指令》等都为其国家海洋生态保护工作提供了坚实的法律和规制保障。

（三）海洋生态经济发展

全面推广海洋生态渔业。全球海洋渔业资源的枯竭促使沿海各国采取有效措施，建立负责任的渔业生产体系，通过优化海洋捕捞结构，限制破坏性渔具渔法，鼓励开发环境友好型的捕捞技术和生产模式来推进海洋渔业资源的可持续利用。澳大利亚对海洋渔业生产活动造成的生态环境效应进行评估，并制定严格的渔业法律法规，规范渔具种类、网目大小、网具长度等，并严格限制可捕捞物种的规格与种类。日本通过水产综合研究中心等机构，优化调整渔业生物可捕捞量评估方法，采用总可捕量及捕捞配额等渔业管理模式，实现渔业资源的恢复和可持续利用。积极鼓励发展生态养殖业，优化提升传统养殖结构，创新养殖模式和饵料生产技术，减少海水养殖对野生饵料生物的依赖，大力推广立体养殖、生态增殖和工厂化循环水养殖等高效生态养殖模式，全面推动人工鱼礁和海洋牧场建设。日本、美国都建立了各自的海洋牧场技术，主要通过自然生境的修复来恢复枯竭的经济鱼类资源和自然生物多样性。韩国则实施了国家海洋牧场建设行动，规划建设了多个兼顾海洋生态修复和渔业生产的示范性海洋牧场，成为韩国近海渔业持续健康发展的样板。

大力发展绿色海上航运。提高能源利用效率，减少港口物流与海上运输污染是绿色航运发展的主流。国际绿色港口主要采用绿色照明和清洁能源技术，发展高效节能的港口物流装备，利用新型能源和清洁动力等，减少港口运营能耗和污染排放水平。如新加坡、鹿特丹等国际重要枢纽港都建立了自己的绿色港口发展模式，成为国际绿色港口建设的典范。此外，绿色船舶开发已纳入欧美国家的国家航运计划，利用天然气、太阳能及电力等为动力的新型清洁能源船舶已初步进入商业化运行，有效地降低了传统燃油发动机船舶的废气与溢油污染。韩国研制的环保型船舶可减少50%的燃料费用，日本建造的首艘太阳能货船已投入运营，年节约燃料可达13吨，有效地减少了燃油船舶的污染物排放。

适度发展滨海生态旅游。旅游开发与生态保护协调发展是滨海生态旅游开发的基本定位。澳大利亚依托大堡礁国家海洋公园开发海洋生态旅游，通过海洋保护区分区规划、生态旅游产品设计和严格的保护性管理来协调海洋生态保护与旅游开发的冲突，实现海洋保护区建设与海上旅游开发的融合发展。欧美国家的游憩垂钓、日韩的渔港小镇等将渔业资源开发与海上旅游结合在一起，利用渔港小镇与特色渔村建设，大力推广游憩型生态渔业发展，在最大限度地减少渔业资源压力的基础上发展渔业生态旅游，优化提升海洋经济鱼类资源利用产业价值链，为渔业渔村转型发展提供了很好的借鉴。

### 三 国内海洋生态文明建设概况

#### （一）政策发展

生态文明建设是新时代中国特色社会主义的重要内容。2007 年，党的十七大报告首次提出"生态文明"概念，把对生态环境问题的认识上升到了生态文明高度，强调要坚持生产发展、生活富裕、生态良好的"三生"之路，全面推动资源节约型、环境友好型社会和绿色生产体系建设。2012 年，党的十八大报告重申了国家生态文明建设战略，将生态文明建设融入国家经济建设、政治建设、文化建设、社会建设各方面和全过程，确立了生态文明建设的首要地位。为此，党中央、国务院于 2015 年印发了《关于加快推进生态文明建设的意见》，以健全国家生态文明制度体系为重点，全面促进资源节约利用，加大自然生态系统和环境保护力度，大力推进绿色发展、循环发展、低碳发展，加快建设美丽中国。

海洋是我国国土空间的重要组成部分，生态文明建设离不开海洋。国家海洋局联合国家发改、环保等相关部委，推出了一系列法律法规与政策规划，以全面推进国家海洋生态文明建设。其实，早在 1982 年，顺应国际海洋环境保护大势和国家海洋环境保护现实需要，全国人大就通过了《中华人民共和国海洋环境保护法》，1999 年进行了第一次修订，随后又分别在 2013 年、2016 年和 2017 年进行了三次修正。2010 年 3 月，《中华人民共和国海岛保护法》正式生效，对海岛的开发利用与保护进行了全面规范。随后，《海岸线保护与利用管理办法》《围填海管控办法》等一批海域利用规章措施也相继出台，为我国海洋生态文明建设提供了法律保障。2012 年，国家海洋局颁布了《关于建立实施渤海海洋生态红线制度的意见》，将海洋生态红线制度纳入海洋生态文明建设制度创新体系，对全国重要的海洋生态功能区、生态敏感区和生态脆弱区进行重点管控，实施严格的分类管理，并率先在渤海全面建立海洋生态红线制度。2016 年 11 月，全国人大通过对《中华人民共和国海洋环境保护法》的修正，将海洋生态红线作为海洋环境保护的基本制度。国家海洋局也颁布了《关于全面建立实施海洋生态红线制度的意见》，提出了全国海洋生态红线行动计划（孙书贤，2016）。

为贯彻落实《关于加快推进生态文明建设的意见》，推动沿海地区经济社会发展方式转变，国家海洋局编制发布了《海洋生态文明建设实施方案（2015—2020 年）》，明确提出以海洋生态环境保护和资源节约利用为主线，以制度体系和能力建设为重点，以重大项目和工程为抓手，推动海洋生态文明制度体系持续完善，建立基于生态系统的海洋综合管理体系。先期在山东、浙江、福建、广东 4 个国家海洋经济发展试点省开展海洋生态文明建设示范区建设工作，重点推进 40 个国家级海洋生态文明建设示范区。截至 2018 年年底，全国范围内已成功选划两批共 24 个海洋生态文明建设示范区，力争通过优化沿海地区产业结构、强化污染物入海排放管控、加大海洋环境保护与生态建设力度，从根本上转变沿海地区经济发展方式、实现沿海地区经济社会与资源环境协调持续发展。此外，国家海洋局还印发《全国海岛保护工作"十三五"规划》《全国海洋生态环境保护规划（2017 年—2020 年）》等多个海洋生态文明建设相关的规划方案，对我国海洋生态文明制度体系完善、海洋生态环境质量提升、海洋经济绿色发展、海岛生态系统保护与海岛自然资源合理利用等方面的重点任务进行了细化，明确了责任目标和实施路径，为我国海洋生态文明建设战略的成功实施奠定了基础。

除了国家重视外，地方政府也在积极推动海洋生态文明建设。福建、山东、辽宁、浙江、天津、海南、广西等沿海省（市、自治区）也先后制定实施了海洋生态环境保护法规或办法，青岛、大连、厦门、宁波等重点沿海城市也相继出台了海洋生态环境保护方面的法规，为沿海各地的海洋生态文明建设提供了规制保障。同时，为深入落实国家海洋局《海洋生态文明建设实施方案（2015—2020 年）》，辽宁、山东、广东，以及大连、威海等市都出台了海洋生态文明建设行动计划。同时，福建、浙江、辽宁、广东、山东以及青岛、宁波、深圳等省市也相继编制了海洋生态环境保护规划，明确了各自的海洋生态环境保护要求、重点任务和保障措施。山东、江苏、广东等省还先期开展海洋生态补偿制度建设试点，初步搭建起我国地方海洋生态损害赔偿制度框架，为我国海洋生态文明建设制度创新提供了借鉴。

（二）重点任务

改革开放 40 多年来，我国社会经济的高速发展给国内大部分地区，特别是沿海地区的生态环境带来了前所未有的冲击和压力，因此加快推进陆海生态文明建设时不我待。结合我国目前的海洋生态环境状况及国家生态文明建设需求，国家海洋局印发实施《海洋生态文明建设实施方案（2015—2020 年)》，明确了"十三五"时期我国海洋生态文明建设的五大重点任务。

一是全面优化顶层制度设计。强化规划的引导和约束机制，以国家和地方海洋功能区划、海洋经济规划、海岸带开发与保护规划、海洋生态环境保护规划以及海岛保护规划等引导和约束海洋开发活动。建立总量控制和红线管控制度，明确自然岸线、海岸建筑后退线、填海造地控制线等岸线管控措施，建立岸线开发利用保护分级管理机制，引导围填海向离岸、人工岛式发展。在海湾、河口等重点海域逐步建立污染物入海总量控制制度，全面推广生态红线制度，强化海岸带生态空间管控。

二是科学配置与管理海洋资源。突出海洋资源的市场化配置、精细化管理、有偿化使用导向，建立海域海岛资源市场优化配置和有偿使用制度，严格控制与管理围填海与海洋产业开发活动。全面禁止在重点海湾、河口湿地及砂质岸线等海域进行围填海活动，优化海洋空间开发格局。积极培育海洋战略性新兴产业，着力推动海洋绿色低碳经济发展，提高海洋资源集约利用和综合开发水平，推动海洋经济高质量发展。

三是加强海洋环境监管与污染防治，全面开展海洋污染基线调查工作，建立我国重点海域海洋污染承载底线和海洋资源环境承载力监测预警机制。健全国家海洋环境应急响应体系，优化海洋生态环境监测布局，提高海洋灾害与污染响应能力。强化海洋污染联防联控，建立入海污染源台账制度，强化入海排污口及海水养殖等海上污染监管，逐步建立海上污染排放许可制度。

四是加强海洋生态保护与修复。推进以海洋国家公园为主体的海洋自然保护地体系建设，优化海洋保护区管理，提升我国近海海洋生物多样性保护水平。加快推进海洋生态保护制度创新，建立海洋生态补偿制度，开展海洋生态环境损害责任追究和赔偿制度试点。全面推进"蓝色海湾""银色海滩""南红北柳""生态海岛"等海洋生态综合整治工程，保护和修复受损的海洋生态环境。加强海洋保护的宣教与公众参与，提升全社会的海洋生态文明意识，为海洋生态文明建设营造良好的社会氛围。

五是增强海洋生态环境执法能力。完善海洋生态环境保护法律法规和标准体系建设，建立海洋环境督察制度和区域限批制度，形成源头严防、过程严管、后果严惩的海洋管理与督察体系，定期开展海洋环境联合执法和督察工作。施行绩效考核和责任追究制度，建立面向地方政府的绩效考核机制、针对建设单位和领导干部的责任追究和赔偿制度，形成联动配合机制和压力传导机制，全面提升海洋生态环境执法水平。

# 第二节　山东发展成效与问题分析

## 一　发展成效

### （一）发展概述

山东是我国的海洋大省，拥有丰富的海洋资源和生态系统多样性，具备良好的海洋生态文明建设自然地理条件。沿海海洋地质地貌类型多样，有 500 平方米以上的岛屿 456 个，1 平方千米以上的海湾 49 个，海湾面积 8139 平方千米。潮间带滩涂面积 2412 平方千米，占全国滩涂总面积的 15%。

2018 年 6 月，习近平总书记视察山东时强调："良好生态环境是经济社会持续健康发展的重要基础，要把生态文明建设放在突出地位，把绿水青山就是金山银山的理念印在脑子里、落实在行动上。"这体现了总书记对山东生态文明建设的殷切期望，也是山东未来社会经济发展所必须把握的基本导向。山东省委、省政府历来重视海洋生态环境保护工作，早在 2004 年就制定发布了《山东省海洋环境保护条例》，是国内知名的海洋生态文明建设强省。目前，山东沿海 7 地市，除了莱州湾沿海的潍坊、东营和滨州三市外，其余 4 市全部纳入国家海洋生态文明示范区建设。

2009 年 12 月和 2011 年 1 月，山东相继获批《黄河三角洲高效生态经济区发展规划》和《山东半岛蓝色经济区发展规划》，在国内率先推动全国重要的海洋生态文明示范区建设，提出要"科学开发利用海洋资源，加大海陆污染同防同治力度，加快建设生态和安全屏障，提升海洋文化品位，优化美化人居环境"。2013 年开始，山东陆续发布实施了《山东省海洋功能区划（2011—2020 年）》《山东省渤海海洋生态红线区划定方案（2013—2020 年）》《山东省黄海海洋生态红线划定方案（2016—2020 年）》《山东省近岸海域环境功能区划（2016—2020 年）》《山东省海洋主体功能区规划》以及《山东省全面实行湾长制工作方案》等一系列海域空间规划与海洋污染防控文件，为全省海洋生态文明建设奠定了良好的政策基础。

2016 年年初，山东省海洋与渔业厅等七部门联合印发了《关于加快推进全省海洋生态文明建设的意见》《山东省海洋生态文明建设规划（2016—2020 年）》，全面推进"8573"行动计划，对全省海洋生态文明建设进行了整体设计。随后，印发了《关于加快推进全省海洋生态文明建设的意见》，将加强海洋综合管理创新，实施海洋生态保护修复，开展海洋生态文明建设试点示范等 31 项任务落实到财政、国土、林业、水利等多部门（田良、秦灿，2017）。2017 年年底，省委、省政府印发《关于推进长岛海洋生态保护和持续发展的若干意见》，推进长岛海洋生态保护，创建国家生态文明试验区，打造蓝色生态之岛。此外，为全面推进海洋生态环境保护，加快海洋产业绿色化发展，省发改委等部门先后研究编制了高端化工产业发展规划、先进钢铁制造产业基地发展规划、水安全保障总体规划、新能源产业发展规划、海上风电发展规划等多个行业发展规划，明确了全省涉海产业环保定位与发展重点。

2018 年 4 月，省委、省政府发布《山东海洋强省建设行动方案》，提出要推进长岛海洋生态文明综合试验区建设，支持长岛创建国家公园（海洋类）。随后，省发改委印发了《长岛海洋生态文明综合试验区建设实施规划》，将长岛海洋生态文明综合试验区建设纳入省海洋生态文明创新发展重点项目。省人大配套制定了《山东省长岛海洋生态保护条例（草案）》，现已开始公开征求意见。同时，还发布实施《建立健全生态文明建设财政奖补机制实施方案》以及《山东省自然保护区生态补偿暂行办法》《山东省重点生态功能区生态补偿暂行办法》等多个包括海洋生态补偿在内的地方规制，标志着全省海洋生态文明建设开始进入法制化轨道。

2019 年 2 月，按照新修订的《山东省海洋环境保护条例》要求，山东省生态环境厅印发了《山东省海洋生态环境保护规划（2018—2020 年)》，提出对全省海洋生态环境保护进行分区管理，围绕强化海洋生态保护，推进海洋污染防治、强化陆海污染联防联控，防控海洋生态环境风险以及推动海洋生态环境监测提能增效明确了未来 3 年的重点任务。同时，为落实国家《渤海综合治理攻坚战行动计划》，省政府还出台了《山东省打好渤海区域环境综合治理攻坚战作战方案》，就渤海区域环境整治定目标、划重点，明确时间表和路线图。

（二）建设现状

为全面贯彻落实党中央、国务院关于海洋强国建设的战略部署，加快推进山东海洋生态文明建设，把海洋生态文明理念融入全省重大发展战略和总体工作部署，山东省先后从法律法规、政策规划与体制机制层面出台了一系列的创新举措，并成立了省海洋发展委员会和省海洋局，为全省海洋生态文明建设创造了有利的制度环境。多年来，山东坚持陆海统筹原则，以渤海湾、莱州湾、黄河口等重点海域生态环境治理为重点，科学控制海洋开发强度，强化河口海湾综合整治，开展海洋生态文明建设试点，实施海洋生态修复工程，全面推进海洋生态文明示范区建设。

海洋生态文明建设试点在沿海 7 地市全面展开。通过在青岛开展陆海统筹、河海共治试点，在东营开展黄河入海口海洋生态综合治理试点，在烟台开展海岛生态文明建设试点，在威海开展黄金海岸生态保护试点等，全省海洋生态文明建设取得明显进展。2017 年，山东省还将海洋污染责任事故、海水水质状况、违法违规案件及海洋生态红线制度执行等指标纳入全省经济社会发展综合考核体系，进一步明确了地方党委和政府的责任主体，使海洋生态文明建设成为省市县三级党委和政府的共识。

从全省生态文明建设评估结果来看，烟台、青岛和威海三个沿海地市排名全省前三位，这离不开其良好的海洋生态文明建设。全省海洋经济取得快速发展的同时，近海海洋生态环境质量也趋于改善。全省海洋环境公报显示：近 5 年来，全省近岸海域海水质量状况总体稳定，呈稳中向好趋势，符合一、二类海水水质标准的海域面积占全省管辖海域总面积的比例稳定在 80% 以上，其中 2017 年达 84.8%。劣三类水质海域面积呈现下降趋势，绿潮得到有效控制，赤潮保持低发态势（见表 8 - 1、表 8 - 2）。

表 8 - 1 　　　　　　　　2016 年度生态文明建设指数评价结果

| 地区 | 资源利用 | 环境治理 | 环境质量 | 生态保护 | 增长质量 | 绿色生活 | 绿色发展指数 | 全省排名 |
|---|---|---|---|---|---|---|---|---|
| 烟台 | 88.53 | 82.58 | 84.68 | 74.78 | 89.51 | 80.96 | 84.04 | 1 |
| 青岛 | 80.06 | 85.07 | 87.05 | 69.36 | 90.17 | 82.45 | 81.85 | 2 |
| 威海 | 84.22 | 76.35 | 89.70 | 67.12 | 92.07 | 79.86 | 81.71 | 3 |
| 东营 | 82.60 | 84.51 | 86.14 | 64.77 | 77.31 | 82.26 | 80.46 | 6 |
| 潍坊 | 85.32 | 79.09 | 78.70 | 65.61 | 84.14 | 76.96 | 79.09 | 9 |
| 日照 | 78.13 | 73.35 | 77.99 | 67.51 | 74.35 | 75.08 | 75.07 | 13 |
| 滨州 | 75.87 | 72.74 | 79.85 | 68.62 | 75.59 | 74.96 | 74.93 | 14 |

资料来源：山东省人民政府办公厅关于 2016 年度生态文明建设目标评价结果的通报，山东省统计局依据《山东省绿色发展指标体系》测算。

**表 8 - 2　2010—2017 年山东海洋经济发展与海洋环境状况变化**

| 年份 | 地方 GDP（亿元） | 海洋 GDP（亿元） | 三类及以下水质面积（km²） | 绿潮最大覆盖面积（km²） | 赤潮（次） |
|---|---|---|---|---|---|
| 2010 | 39170 | 7074.5 | 3736 | 530 | 3 |
| 2011 | 45361.9 | 8029 | 5167 | 560 | 1 |
| 2012 | 50013.2 | 8972.1 | 9484 | 267 | 5 |
| 2013 | 55230.3 | 9696.2 | 11421 | 790 | 3 |
| 2014 | 59426.6 | 11288 | 6533 | 540 | 4 |
| 2015 | 63002.3 | 12193 | 8873 | 594 | 0 |
| 2016 | 68024.5 | 13285 | 6182 | 554 | 0 |
| 2017 | 72634.2 | 14800 | 7208 | 270 | 2 |

资料来源：山东省海洋与渔业局，《中国海洋统计年鉴》及《山东省海洋环境状况公报》（2010—2017）。

总的来看，山东海洋生态文明建设主要取得以下几方面成效：

一是推进体制机制创新，优化顶层设计。推进海域管理体制机制创新，将海洋生态文明建设纳入省委、省政府重要决策。全面建立海洋空间管控和海洋生态红线制度，公布实施了山东省渤海和黄海海洋生态红线划定方案。将全省管辖海域划分为优化、限制、重点和禁止开发四大区域，明确了不同的功能海域的排污许可、产业准入、节能减排及保护修复要求。全省约60%的海域被划为限制开发和禁止开发海域，而重点开发海域占比只有6.3%，限制开发海域占比高达58%，有效地控制了海域空间的无序利用和盲目开发。完成224个生态红线区分类管控任务，全省海洋生态红线区总面积达到9669.3平方千米，占全省管辖海域总面积的20.44%，实现了重要海洋生态脆弱区、敏感区生态红线全覆盖（王守信，2018）。此外，山东还率先出台了《山东省海洋生态损害赔偿费和损失补偿费管理暂行办法》与《山东省海洋生态补偿管理办法》等海洋生态建设创新政策，对海洋生态保护补偿和生态损失补偿进行了规范。截至2017年年底，全省共征收海洋生态损失补偿费10.41亿元，全部用于沿海地市受损海洋生态环境的整治与修复。

二是重视海洋生态保护，加大生态修复投入。高度重视海洋生态文明示范区建设，青岛、烟台、威海、日照和长岛县先后纳入国家级海洋生态文明示范区建设。截至 2018 年年底，全省创建国家级海洋生态文明示范区 5 个，省级海洋生态文明示范区 10 个，较好地发挥了海洋生态文明建设的区域示范引领作用。积极开展保护区分类管理，将海洋保护区分为 3 类，推动保护区分类管理、提档升级。全省现有省级以上海洋保护区 38 处，其中国家级 29 处，海洋保护区总面积超过 7000 平方千米，基本形成了较为完善的海洋保护区体系。全面加大海洋生态环境整治与修复投入，积极推进蓝色海湾整治和海岛、岸线修复工程，重点支持日照、威海、青岛、烟台争取国家"蓝色海湾"工程资金扶持。2013—2017 年，全省争取中央补助资金 12.81 亿元，省财政资金投入 18.92 亿元，实施海洋生态环境保护工程项目 350 多个，整治修复海域 2300 多公顷，岸线 200 多千米。此外，还建成省级以上海洋牧场 83 处，其中国家级 32 处，占全国 1/3 以上，海洋牧场建设规模和技术水平均居国内领先地位。

三是健全海洋环境监测体系，提升海洋监察管理水平。积极推进智慧海洋建设行动，建立健全海洋生态环境监测体系。全省现有海洋环境监测与预报减灾机构 50 余家，初步形成了以省海洋环境监测中心为龙头，沿海市、县环境监测机构为支撑的 3 级海洋环境监测体系。近年来，全省安排 2 亿多元专项资金用于各级海洋监测机构能力建设，建成了以浮标和观测站为主的地方海洋监测网。目前，已开始在 3 个海洋牧场开展精细化预报保障试点，5 个沿海市实现了电视播报海洋预报。同时，各级海洋执法部门也加大了海洋监察执法力度，配合国家海洋局开展专项海洋督察工作。2012 年以来，全省仅违法围填海案件就查处 232 起，收缴罚款 28.75 亿元，有效地遏制了地方非法无序填海和围海养殖活动，规范了海域使用秩序。

## 二 问题与不足

### （一）近海海域环境质量仍有待改善

全省海水质量监测结果表明：近 5 年，全省近岸海域海水质量状况总体稳定，呈稳中向好趋势，但局部海域水体污染依然严重。劣三类以下海水面积占全省近岸海域面积比例仍保持在 6% 左右，主要分布在小清河口及滨州沿海海域，主要超标物质为无机氮，由此引发的莱州湾海域水质污染已造成当地渔业资源严重衰退，传统产卵场功能受到破坏。

近海海域自然灾害时有发生，全省海域近 10 年来发生赤潮 24 次，造成局部海域水质状况恶化。2008 年始，黄海海域每年 5 月至 7 月均发生规模不等的浒苔绿潮，分布面积持续超过 2.5 万平方千米，对沿海养殖与旅游业发展产生较大影响。半岛北部沿海海水入侵和土壤盐渍化形势依然严峻，烟台海庙和威海张村断面海水入侵距离增加，对当地的生产和生活带来不便。重点河口、海湾等近岸海域生态系统健康受损，部分海域富营养化问题较为突出。

（二）陆源污染问题尚未得到有效解决

陆源污染物是造成山东近海海域污染的主因。沿海城乡工农业生产及生活污水大量入海，给河口、海湾等脆弱海域造成严重的影响，特别是渤海海域，80% 以上的海域污染物来自陆源排放，造成近岸海域污染加重，关键生态功能区自然生境破坏严重，河口和海湾生态系统功能退化。陆源入海排污口达标排放率依然较低，排污口邻近海域环境质量状况总体较差。全省现有 46 个日排废水 100 吨以上的直排海污染源，废水入海总量约 6.5 亿吨/年，污染物入海量为 3.6 万吨/年，主要污染物为化学需氧量、总氮和悬浮物等。近年来，全省监测的入海排污口邻近海域中，年均 50% 以上的海域达不到海洋功能区要求。38 条主要入海河流水质均存在不同程度的超标，部分河流入海断面的水质未达到海洋功能区水质管理要求，其中 6 条河流河口水质为劣五类，主要分布在莱州湾及胶州湾沿岸，是两大海湾污染物的主要源头。

（三）海洋开发与保护的矛盾依然突出

沿海地区社会经济的高速发展给海洋生态环境造成较大冲击，特别是围填海及海上生产经营活动，在一定程度上已超越其资源环境承载力，给局部海洋生态系统健康带来损害。山东沿海地区传统产业结构偏重型化，开发强度大、占用岸线多、环境污染重，岸线人工化趋势明显，近海渔业资源趋于枯竭，可供开发利用近海海洋资源种类和储量都已经不能满足日益增长的海洋经济发展需求。沿海养殖业的大发展给沿海海水与底质环境造成一定影响，部分海域养殖环境容量下降。

（四）海洋生态环境管控能力亟待提升

海洋功能区划制度落实不到位，海洋功能区规划受开发现状制约，功能分区合理性与利用评估不足，部分重要生态功能区和脆弱区未得到有效保护。围填海管控政策存在一刀切问题，相关法规规划落实不到位，存在填而未用、规避审批等现象，部分围填海项目审批不规范、监管不到位，造成围填海利用率低下和未按规划和审批利用问题。部分地区围海养殖管理存在以签订承包协议、合同发包形式直接用海的问题。养殖废水、污染物排放缺乏监管，重点养殖功能区污染缺乏有效监测与评估。岸线保护缺乏统筹规划，人工岸线与自然岸线管理定位不明确，岸线修复倾向于工程化，岸线保护缺乏有效生态手段。海洋生态环境陆海统筹管理机制有待突破，现有陆海环保部门有待进一步整合，陆海联合执法与环境统筹治理机制尚未建立，农业面源污染、流域污染治理仍存在诸多薄弱环节，跨区域联防联控污染防治大格局亟须进一步协调统一，陆海联动生态环境监测体系也需要进一步完善。海洋保护区管理投入不足，多数保护区虽然建立了管理机构，但存在机构代管、人员配备不足等问题，保护区管理基础设施建设有待加强。一些海洋保护区存在土地、海域权属不明确，区内存在村舍、农地、养殖点、油井、盐田、道路等历史遗留问题，给海洋保护区管理带来不利影响。

（五）海洋产业绿色化发展相对滞后

传统资源依赖型、劳动密集型和空间利用型产业依然是山东海洋产业的主体，资源利用效率低、污染突出的问题依然存在，海洋产业持续健康发展受到诸多制约。海洋主导产业中，海洋渔业受近海经济鱼类资源枯竭和海水养殖空间不足的制约，传统的粗放式养殖和近海捕捞已难以为继。海洋牧场建设刚刚起步，生态养殖规模小，尚未对养殖环境产生显著影响。水产品加工企业技术创新不足，存在资源利用率低和废弃物利用不足问题。港口运输以大宗散杂货为主，码头利用率和集约化程度相对较低，航运物流低碳发展及绿色船舶开发利用滞后，航运业污染减排放压力大。旅游开发以滨海观光为主，产业开发层次较低，生态旅游产品少，海上旅游污染不容乐观。临海化工及船舶工业产业发展层次低，多数企业处在产业链低端，循环经济与绿色产品开发水平低，产业持续健康发展存在环境短板。

# 第三节　对策措施建议

## 一　强化海洋生态文明顶层设计

坚持规划主导。综合评价不同海域开发利用的适宜性和海洋资源环境承载水平，按照分区布局、差别定位的理念，科学确立海岸带、近海及远海资源开发与生态环境保护格局，编制"十四五"海洋生态文明行动计划。建立陆海一体的海岸带及海域空间规划体系，兼顾功能管制与规模控制，开发与保护协调，推进海域资源与环境的持续利用。编制全省海岸带利用与保护规划，以国家级海洋生态文明示范区建设为核心，以省级海洋生态文明建设示范区为节点，推动建立覆盖山东全省沿海的海洋生态文明示范区网络体系。制定海洋生态环境智慧监测计划，完善海洋生态环境监测和业务布局，规划建设省市县三级陆、海、天一体的生态环境智慧监管网络，为相关规划的落实和评估提供信息保障。

坚持陆海统筹。结合陆海环境治理和海岸带生态环境保护，建立陆海一体的适应性管理机制，创新打造陆海统筹的河长制、湾长制等流域污染治理模式，实现海洋环境污染的源头治理和整体解决方案。以制度建设推进陆海一体化发展，完善陆海统筹的生态文明制度与政策法规体系，用法律和规制手段来保障海洋生态文明建设的陆海统筹。健全陆海兼容的自然资源资产产权制度和用途管制制度，统筹划定陆海生态保护红线，建立陆海一体的资源有偿使用制度和生态补偿制度。

坚持市场导向。将海洋生态资本、海域环境成本纳入海洋开发项目的效益评估指标，推动海洋生态服务资源与海域、海岛和岸线资源的市场化配置，提高海洋资源与空间的集约利用程度和海洋生态环境保护的市场调配能力。进一步完善海域使用招拍挂与海洋生态服务的市场补偿机制，全面建立生态保护补偿与生态损失赔偿制度。依托烟台、青岛等地的海洋产权交易中心，探索建立海洋碳汇、污染承载、生态保护市场价值评估与交易机制，引导社会资本投入海洋生态建设领域。

坚持示范引领。加快推进国家级海洋生态文明示范区建设，以体制机制创新为先导，全面吸收陆地生态文明示范区建设及国际海洋生态环境保护经验，探索建立具有中国特色的海洋生态文明建设模式与发展路径，重点推进青岛陆海统筹、烟台海岛生态建设以及威海黄金海岸生态保护试点，及时评估调整建设方案，形成可复制、可推广的海洋生态文明建设山东经验。结合地方海洋经济发展与海洋生态保护特色，有针对性地推进长岛海洋生态文明综合试验区建设，积极对标国内外先进地区，运用法制、市场和行政等多种政策工具，建立高标准、低门槛的地方海洋生态文明建设模式，将生态系统原则、适应性管理理念纳入地方海洋生态文明示范区管理框架，推动生产、生活和生态的融合发展，全面引领地方海洋生态文明建设。

## 二 推动海洋产业体系绿色转型

坚持低碳环保理念，创新循环经济模式，全面推进海洋产业绿色发展，强化科技创新支撑，优化产业发展模式，科学配置海洋资源，从源头上减少海洋资源开发与海域空间利用所产生的环境污染与生态损害。

强化科技创新支撑。瞄准海洋产业链关键环节，以新技术应用、节能降耗和绿色发展为导向，加大技术创新投入，搭建海洋产业绿色化发展技术创新平台。重点选择一些市场前景好的环保技术类群，制定行业行动方案，有针对性地吸收和引进国外先进成果和方法，推动涉海技术创新机构组建绿色技术创新联合体，以产学研联盟、公共创新平台建设为载体，开展联合攻关，突破制约相关技术产业化的瓶颈，加快传统海洋产业改造提升和海洋新兴产业培育壮大进程。突出科技政策引导，加大对环境友好型、资源节约型涉海企业科技创新项目的扶持力度，推动海洋产业绿色化技术的新突破。

优化产业发展模式。分类施策，突出重点，建立海洋产业可持续发展路线图，明确产业绿色化发展路径，设立绿色产业引导基金。加大对沿岸及近海海水养殖、临海产业园区开发及海上旅游开发的政策引导力度，建立绿色产业政策扶持机制，鼓励海洋渔业、海洋新材料、海洋航运及海上旅游生态化发展，积极推广节能环保型的海盐化工、海洋水产品加工及海工装备制造技术，大力发展循环经济，推动临海产业园区向绿色低碳、循环经济园区转化，有效减少海洋产业发展与临海产业园区建设所产生的环境压力。

科学配置海洋资源。按照全省海洋生态文明建设统一要求，明确地方海洋产业绿色化发展定位，制定海洋产业绿色化发展清单，引导海洋资源与海域空间配置向绿色低碳型和海洋战略性新兴产业倾斜。根据海域管理和功能区要求，严格环境准入条件和资源开发审批，综合运用开发许可证、工程环评审批、红线管控、区域限批等管理手段，对不符合节能环保要求和产业绿色化发展清单的海洋产业类别及企业进行限制，引导资金、人才和资源向复合标准的企业或行业流动，倒逼海洋捕捞、粗放式养殖、船舶制造、海洋油气开发及盐化工等传统产业改造升级，提高资源利用效率和产业绿色化发展水平。

### 三　完善海洋生态环境治理体系

严格落实国家及省市相关海洋生态文明法律规制，吸收国内外先进海洋生态保护与环境管理理念，完善海洋环境治理标准，严格控制陆海污染排放，加大重点岸线整治力度，提升海洋保护区管理水平，构建基于生态系统的适应性海洋生态环境治理体系。

完善海洋环境治理标准。系统总结海洋生态文明示范区建设经验，结合山东地方海洋生态文明建设现实需求，参照国家海洋环境标准体系，制定地方海洋环境治理标准，在传统物理、化学环境标准参数基础上，增加生物多样性、资源利用强度与效率、产业节能减排与绿色化以及生态系统服务等指标，形成与海洋生态文明建设相匹配的产业开发项目环评与审批标准体系和海洋环境管理绩效评估标准体系。尽快出台地方海洋环境监测与评级分级管理标准、海洋保护区分类管理标准、海洋生态补偿技术标准等，加快建立河口海湾、重要湿地与生态功能区海域的生态环境容量管理制度。科学确定不同类型海域的环境承载标准，合理布局围填海及海域使用活动，体现对不同项目、产业用海的鼓励和限制政策，严控超载或超标准开发活动。

严格控制陆海污染排放。抢抓国家环保机构改革重大机遇，统筹陆海环境管理制度创新与政策协调，建立陆海一体的污染物排放管理机制。严格入海排污口监管，制定陆源入海排污空间配置计划，全面清理非法或设置不合理的陆源入海排污口，建立重点排污口全覆盖的动态水质监测网络，实时监控入海排污动态。实施陆海区域入海污染物排放总量控制计划，建立陆源污水总量控制制度，统一设立重点河流入海污染物排放总量监测断面，构建重点入海河流污染物变化流域监测体系，最大限度地减少河流污染物的入海排放水平。科学布局海水养殖空间，建立重点海域养殖容量管控制度，合理设定海水养殖强度。全面排查省内近岸海域渔业养殖现状，落实生态红线管控计划，编制并实施养殖水域滩涂规划。

加大重点岸线整治力度。依据地方海洋开发需求，科学编制岸线利用规划，严格控制破坏性的海岸利用活动，实施严格的海岸线用途管制措施。建立沿海建筑物退缩线制度，有条件的地区逐步拆除临海建筑物。实施受损岸线及部分不合理的人工岸线整治行动，充分利用自然恢复或生态工程手段修复受损的岸线。优化蓝色海湾整治工程，尽力减少利用工程技术手段进行岸线或生境改造，合理控制海岸及海上工程及相关配套工程建设，全面清理不合理的、非法的及废弃的临海及海上构筑物，适度推进退养还滩、开堤复湿工程，全面恢复岸线及海滩的生态服务功能。

提升海洋保护区管理水平。推动建立以海洋国家公园为核心的地方海洋保护地体系，实施海洋保护区分级管理。改革现有的国家级海洋公园申建与管理模式，参照国家公园建设要求，对以国家级海洋公园为主体的海洋特别保护地管理体系进行优化调整，严控以保护之名,行开发之实的海洋公园建设与管理模式,从根本上清除不符合海洋保护区要求的开发与建设行为,真正发挥海洋保护区的保护价值。全面落实海洋生态红线制度,将国家水产种质资源保护区、海洋湿地保护区等纳入海洋保护区一体化管理体系,建立全省统一的保护区管理、生态修复与资源可持续利用规范,为海洋保护区建设评估与实施生态保护补偿创造条件。

**四　创新海洋生态文明建设机制**

引导地方政府创新工作机制,探索新的海洋生态文明建设模式和发展路径,创建适应性海洋综合管理体制,创新陆海生态环保联动机制,完善海洋生态文明制度建设,建立具有鲜明地方特色的海洋生态文明建设示范区。

创建适应性海洋综合管理体制。突破传统发展海洋开发与保护理念,将海洋生态环境保护与海洋开发有机地结合起来,建立陆海规划统筹制度,从规划编制、项目实施、公众参与与管理评估等多个层面突出海洋生态文明建设意识,积极推进海洋开发与保护的多规合一进程。全面推进海洋综合管理体制改革,本着预防性和生态系统管理原则,构建陆海统筹、分级负责、党政同责的海岸带综合开发与保护管理体制。加快陆海管理机构整合步伐,尽快建立陆海一体的生态环境保护、资源开发利用和海域空间使用管控机制,组建海上联合执法队伍,完善统一执法程序和执法标准体系。

创新陆海生态环保联动机制。推进重点海湾与河口海域的生态环境陆海统筹综合治理试点,探索建立河海共治环境管理模式。加快编制胶州湾、莱州湾、丁字湾等重点海湾保护利用规划,建立健全海湾生态保护、污染治理、灾害防治区域联动机制。整合流域与海湾生态环境治理网络,逐步建立完善湾长制、河长制和滩长制等,将重点海湾、入海河流污染源及其防治网络纳入海域环境治理体系,统筹陆海生态环境管理。研究建立跨行政区划的海洋环境保护协调合作机制,以省海洋功能区划和海洋生态红线规划为指导,加强区域海洋环境治理行动的协调配合,提升海域环境保护联动治理水平。

完善海洋生态文明制度建设。全面推进海洋生态文明建设的法制化、制度化进程，研究制定山东海洋生态文明建设条例，全面规范海洋污染防治、海洋生态整治等海洋生态建设行为，形成制度化的海洋生态文明建设机制。研究制定《山东省海洋生态补偿管理办法》《山东省海湾生态保护管理条例》《山东省海岸带综合管理条例》《山东省海岛保护条例》等，大力推进海洋生态文明建设地方立法。探索海洋生态资产市场交易机制，实施海域使用权、资源开发权和环境承载权招拍挂出让制度，积极探索海洋碳汇、海洋生态服务价值市场化流通机制，促进海洋资源与生态环境服务的可持续利用。完善配套政策，设立生态补偿基金，建立完善生态环境损害赔偿和生态保护补偿制度，逐步建立奖优罚劣的海洋环境生态补偿机制，形成市场化的海洋生态文明建设奖惩制度。

## 五 提升全社会海洋生态文明意识

树立海洋生态文明理念，搭建公共信息交流平台，倡导绿色政绩观，提升全社会的海洋生态文明意识，打造海洋生态文明社会。

积极倡导绿色政绩观。把海洋生态文明建设作为地方政府的重要职责，纳入沿海地方政府干部考核体系，建立具体可行的量化考核指标体系和评价标准，制定奖优罚劣的权责分担机制，充分调动地方政府推进海洋生态文明建设的内生动力。重点提拔任用一批生态文明意识强，生态环境治理成绩突出的地方政府干部，加大对海洋生态文明建设成效突出地区的财政补贴与奖励力度，使海洋生态文明建设真正融入地方政府的具体行动中。

建立海洋生态环境共治共享机制。创新海洋生态环境公共参与机制，充分利用政府网站、新媒体平台和移动 App 等现代信息工具，依法公开海域使用、海洋生态损害、海洋环境污染信息，加强社会监督体系建设，将居民、社区、非政府组织等纳入海洋生态环境监管与防治网络，鼓励和引导居民与社会团体参与海洋生态环境监管与治理。全面公开涉海规划，落实海洋开发建设项目的环评公示制度和重点项目听证制度，扩宽公众监督渠道。建立健全生态环境损害举报及奖励制度，充分发挥新闻媒体、公益组织和社会公众的监督作用，提高对重点海域海洋生态损害与环境污染行为的社会监督能力。

　　开展全社会海洋生态文明教育。充分利用世界地球日、世界环境日、世界海洋日等国际环保活动，以及青岛海洋节、威海渔民节等地方海洋节庆活动，组织开展形式多样的海洋生态文化宣传活动。结合海洋旅游开发与文化产业培育，规划建设以海洋生态文明为主题的海洋科普场馆及教育基地，充分利用互联网、虚拟现实技术及人工智能等现代信息技术，开展海洋生态知识和环境保护教育。将海洋生态文明教育纳入社区宣教与城乡中小学课程，树立海洋生态保护与环境建设的先进典型，培育全民的海洋保护理念，提高全社会的海洋生态文明意识。

# 第九章　山东海洋经济区域协调发展研究

　　党的十八大以来，东部沿海地带深入推进"一带一路"建设、京津冀协同发展、长江经济发展、粤港澳大湾区建设、长三角一体化发展、黄河流域生态保护与高质量发展等国家战略，从不同区域定位、战略重点探索新机制、新路径、新模式，增进区域发展的协同性和整体性。因地制宜、分类指导、科学有序地解决区域发展不平衡问题是当前乃至今后一段时期的改革重点。

　　围绕区域协调发展战略的新要求，积极培育海洋经济区域协调发展新动能，驱动区域联动、陆海统筹、河海联动，通过交通助海、科技兴海、产业强海，有助于提升山东海洋强省战略的质量，推动区域重大战略取得新的突破进展。

## 第一节　山东海洋经济区域发展现状

　　山东作为海洋大省，拥有 15.95 万平方千米的海域面积，海洋资源禀赋和海洋经济规模优势突出。2018 年实现海洋 GDP1.55 万亿元，约占全国总量的 1/5。然而，山东海洋经济在快速发展过程中，区域海洋经济发展不平衡不协调问题比较突出。海洋经济在空间上存在无序发展，各沿海城市间并未形成完善的区域分工机制，海洋资源配置不合理，内耗与资源浪费比较严重。加快海洋经济区域协调发展，是推动山东海洋经济新旧动能转换，促进海洋高质量发展的重要举措。

　　"十三五"期间是海洋经济调结构转方式的攻坚期，促进海洋经济区域协调发展是重要的战略支点。积极融入国家区域发展战略，加速高端要素资源集聚配置，提升海洋经济区域辐射带动能力，是解决山东省各沿海城市内部海洋经济发展的不平衡以及增长极区域不协调等问题的关键。其中海洋产业的空间布局与优化是海洋经济区域协调发展的核心问题。海洋产业空间布局是在沿海地区海洋资源禀赋和社会经济基础共同作用下，社会分工发展的结果。下面简要介绍山东沿海省市海洋产业布局及发展情况。

**一　青岛**

青岛区位优势显著，海洋资源丰富，并具有坚实的社会经济基础，海洋产业较为齐全，是山东海洋经济发展的龙头城市。2011 年以来，青岛市区域经济发展中海洋经济占比呈现上升趋势，海洋经济支撑能力不断增强（见图 9 - 1）。

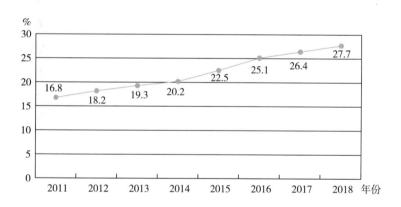

**图 9 - 1　2011—2018 年青岛海洋经济占比变化趋势**

2018 年，青岛实现海洋生产总值 3327 亿元，占山东全省海洋生产总值的 20.8%，占青岛市 GDP 的 27.7%。海洋三次产业比例由 2016 年的 4.2∶51.2∶44.6 优化为 3.3∶53.1∶43.6。海洋经济结构稳定性较强，支柱产业主要包括滨海旅游业、海洋交通运输业、海洋设备制造业和涉海产品及材料制造业，总产值占比达 60.9%，带动海洋经济增长 8.9 个百分点，与 2017 年相比下降 0.6 个百分点。

（1）青岛市积极推进传统渔业的新旧动能转换，主要发展方向有三个方面：一是创新融合模式，发展海洋牧场。坚持供给侧改革，不断创新蓝色粮仓建设，融合渔业增养殖、海上游钓和休闲旅游等海洋资源的多种产业职能，推进传统产业绿色转型升级。目前青岛市拥有国家级海洋牧场示范区 13 处（约占全国 1/8），国家级和省级原良种场 29 处，国家级现代渔业种业示范基地 3 家，国家级水产健康养殖示范场 147 处。

二是借助"一带一路"战略，发展远洋渔业。借助中国自由贸易试验区和中国—上海合作组织地方经贸合作区区域政策优势，不断优化开发合作环境，渔业"走出去"国际合作能力不断增强。目前已与非洲、拉美等 10 个国家的 11 家企业建立合作项目，远洋渔业规模已实现除北冰洋以外其他大洋全覆盖。

三是拓展全产业链，加速水产加工业高值化。通过制度创新推进水产加工科技成果转化，积极搭建技术成果数据资源共享互通平台，引导传统水产加工业向自动化、智能化方向发展，逐步实现初级产品向高附加值的精细、精深加工转型。

（2）海洋装备制造业是重要的战略性支柱产业和先导产业。青岛海西湾船舶与海洋工程产业基地集聚了北船重工、武船重工等船舶制造与海洋工程企业及各类配套企业 100 余家，初步形成以船舶修造和海洋工程为主的完整产业链和较强的产业配套能力。目前已承建多个世界最大、中国第一的重大装备项目，全球最大 40 万吨新型矿砂船、世界最大吨位"海上石油工厂"等均已交付。

（3）滨海旅游一直是青岛海洋经济的主导产业，实现产值占比已超过海洋交通运输业，位居首位。青岛市依托深厚的海洋文化根脉，实施海洋文化挖掘工程，通过重塑近代滨海建筑群、海防遗址，传承保护海洋民宿文化，重塑滨海旅游新格局，打造啤酒文化、崂山文化、琅琊文化、欧式建筑文化等"海派"特色，促进滨海旅游转型。同时借助自贸区建设契机，积极发展邮轮旅游，先后赴 12 省 21 市开展邮轮市场营销，2019 年青岛邮轮母港完成邮轮 93 航次，实现旅客吞吐量 18 万人次，同比分别增长 31% 和 60%，增幅为全国第一。

（4）青岛拥有坚实的海洋生物科学基础，海洋生物医药是青岛市海洋经济的优势产业，但海洋生物医药产业规模较小，产业链较短，发展并不充分。当前青岛市重点依托青岛海洋生物产业技术研究院，积极探索海洋生物科学研发与产业化、市场化的衔接机制与模式创新，积极推进海洋生物科研成果产业化。目前已创建"山东省海洋药物制造业创新中心"，建成 6 个产品研发平台和 4 个公共技术服务平台。

（5）海洋交通运输业是青岛海洋经济的重点产业。青岛港是中国北方集装箱航线密度最高的港口，2018 年青岛港货物吞吐量超 5 亿吨。青岛港作为首批国家物流枢纽，集疏运体系进一步完善。目前青岛港区与全世界 180 多个国家及地区的 700 多个港口通航，航线数量达 175 条，覆盖全球前 20 大船公司航运。在海洋联盟的 40 条航线中占有 14 条航线。港口高效智能化优势凸显，目前全自动化码头（二期）投产运营，氢动力自动化轨道吊、5G + 自动化技术等 6 项科技成果属全球首创。

**二　烟台**

烟台市毗邻渤海，海岸线长 909.3 千米，海域面积 2.6 万平方千米，岛屿众多，在资源禀赋和社会经济发展基础方面均具有比较优势。2018 年烟台海洋 GDP2230 亿元，占地区 GDP 比重 28.2%，占全省海洋 GDP 比重预计超过 13.9%，比 2017 年下降 0.4 个百分点。

烟台获批全国海洋经济创新示范城市、国家级海洋生态文明建设示范区，烟台市委海洋发展委员会 2019 年印发《关于加快建设海洋经济大市的意见》。在海洋经济发展方向上，一是加强产业融合，推动海洋渔业、海洋旅游等传统产业创新发展。2018 年烟台海洋牧场发展突出，总面积突破 100 万亩，居全国首位。2018 年烟台港货物吞吐量达到 4.4 亿吨，位列全国沿海港口第 8 位。二是秉承数字化、网络化、智能化理念，引导发展海洋工程装备制造、海洋生物医药、海水综合利用等资源消耗少、成长潜力大的海洋战略产业。其中，海洋工程装备制造以中集来福士为依托，积极参与组建中国海工集团，抢占全国海工装备"制高点"。《烟台市生物医药产业发展规划（2019—2025）》《烟台市海洋生物医药产业集群建设实施方案》等规划的出台明确了海洋生物医药发展主要以海洋功能食品、海洋生物制品和海洋药物为产业基础，打造具有集群优势的海洋生物医药与制品产业基地。2019 年，全市海洋来源生物医药在研新品种 10 个。

### 三 威海

威海市三面濒临黄海，海岸线长 986 千米，海湾、岛屿遍布，海洋资源丰富、生态环境质量较好。2017 年威海海洋 GDP 1307.54 亿元，占全市 GDP 的 37.6%，占全省海洋经济总量的 9.3%。其中海洋渔业产量多年居全国地级市之首，是海洋经济的主导产业。

远洋渔业已形成"船队 + 基地 + 园区"综合性发展模式，极大提升了海洋渔业的竞争力。威海专业远洋渔船数量占全省总数量的 80%，拥有我国北方唯一国家级远洋渔业基地。目前全市拥有 19 处远洋渔场，远洋渔业年产量达 37 万吨，年产值 44 亿元，远洋捕捞产品回运率超过 80%，总功率占全省 80%、全国 20%。

传统海水养殖产品附加值不高，尤其是水产品加工在规划建设方面不配套，威海市加大投资力度，积极培育建设融合式海洋牧场。目前创建省级以上海洋牧场示范项目 31 个，居全省首位，其中国家级海洋牧场示范区达到 11 处；建成国家级休闲渔业示范基地 21 处，省级休闲海钓示范基地 22 个。

随着《威海市海洋生物和健康食品产业集群三年行动计划》的推进实施，威海市通过补链强链壮大海洋生物医药产业，重点打造海参、牡蛎、海带等 7 个产业链，重点推进海洋生物医药、海洋生物制品、海洋功能性食品等项目建设，依托威海（荣成）海洋高新技术产业园，建设海洋生物医药创新高地。2017 年滨海旅游业实现增加值 195.72 亿元，占全市海洋 GDP 比重的 15.0%，成为海洋经济的第二大主导产业。以海洋环境保护专用仪器设备制造、海洋渔业相关产品制造、海洋制药设备制造、海洋石油生产设备制造业为主要发展方向的海洋设备制造业发展也比较快，2017 年实现增加值 174.09 亿元，占全市海洋 GDP 比重的 13.3%，增长速度高于全市海洋 GDP 增速 1.9 个百分点。

## 四　日照

日照濒临黄海，是重要的港口城市，可建港岸线 24.9 千米，拥有万吨以上泊位 200 多个，-20 米等深线以内浅海面积达 6 万公顷，滩涂 5000 公顷。凭借优越的自然条件，日照推行"以港兴市"，发展"向海经济"，相继出台《日照市加快发展向海经济行动计划》《山东日照海洋经济发展示范区建设总体方案》《关于支持海洋新兴产业发展的意见》，加快海洋经济高质量发展。

日照加快推进海洋强市，聚焦发展以海洋文化旅游产业为重点，以现代海洋渔业、海洋装备制造、海洋生物医药、海洋交通运输"四大产业"为支撑的现代海洋产业体系。在滨海文化旅游方面，与其他 4 市签署《胶东经济圈文化旅游一体化高质量发展合作框架协议》，协同开展旅游品牌营销、联合承办赛事，促进资源共享。现代海洋渔业显现近海养殖向园区化集聚发展、近海发展向远海拓展趋势。目前建有高新技术产业开发区水产品精深加工特色产业园，已完成红旗现代渔业园区一期建设；拥有国家级海洋牧场 6 处，省级海洋牧场 16 处。海洋装备制造业主要依托山钢日照钢铁精品基地建设，加速海洋船舶工业提速转型。海洋生物医药与制品产业稳步发展，建有日照经济开发区海洋生物医药省级海洋特色园区，省级以上海洋生物医药产业研发平台 10 家。海洋交通运输方面，积极发展以物流、化工和水产加工为主的临港工业，建设智慧港口、绿色港口和高效物流枢纽，取得良好示范效应。

## 五　潍坊

潍坊市位于山东半岛中部，北濒渤海莱州湾，海岸线仅 143 千米，滩涂面积达 6000 平方千米，发展盐化工的资源条件比较优越；同时拥有良好的制造业基础，盐化工、海洋装备制造是该市海洋主导产业，并已形成规模体系。2018 年潍坊市海洋 GDP1156 亿元，占GDP 比重为 18.8%，2019 年海洋 GDP 实现 9% 的增速。

依据 2015 年《环渤海地区合作发展纲要》，潍坊定位建设临港海洋精细化工基地、高端石化产业基地和国家高端装备制造产业基地。目前依托滨海海洋化工产业园、昌邑海洋精细化工产业示范基地和海化集团等园区龙头企业，延伸拓展海洋化工产业链条，已形成绿色海洋化工集聚区。优先发展潍柴重机、海纳水下机器人、华创工业机器人等龙头项目，带动产业链延展，建设现代海洋动力和高端装备产业基地，其中的潍柴滨海产业园是我国大型船舶动力制造基地，产品主要以大型中速船用柴油机，拥有世界最高级别的生产水平。

### 六　东营

东营位于黄河入海口处，具有依河傍海的区位优势，黄河三角洲地带－10米等深线以内浅海面积达 4800 平方千米，具备养殖滩涂贝类的优越自然条件。独特区位优势和丰富的海洋资源以及石油资源均为东营市海洋经济发展创造了有利条件。

东营市依托石油化工和盐化工，大力发展海洋高端精细化工产业，建设鲁北高端石化产业基地。滨海旅游业发展也具有区域特色，开发黄河入海口湿地生态景观，统筹河海文化，围绕生态休闲、文化演出、节庆活动，推出精品"黄河入海"旅游活动，发展黄河口特色旅游。2018 年 10 月获得全球首批"国际湿地城市"称号。东营市作为石油城市，长期以来油气开采和石油装备制造的雄厚基础形成了高端石油装备产业集群，被认定为省级主导产业集群，并依托这种特色产业优势，大力发展海洋装备制造业。

现代海洋渔业方面，积极组织康华、通和海洋牧场新申请或流转养殖海域，目前海域确权面积分别为 12.4 万亩、15 万亩；拓展旅游功能，建设金泥湾现代海洋渔业综合区，打造滨海休闲渔业小镇；积极推进黄河口大闸蟹产业园建设，集水产养殖、科研、加工、销售、休闲观光于一体。

东营市在海洋新能源产业方面也取得重要突破，将海水养殖与光伏发电相结合，发展渔光互补项目，装机容量 49 千瓦的汇泰渔光互补项目已成功并入国家电网。在改造传统渔业方面，加强发展海洋牧场，目前已安装完成 3 个省级海洋牧场平台，其中包括"鲲瑛牧渔归陆上海洋牧场项目"，采用先进的陆基工厂化养殖模式，打造高标准对虾生态养殖基地。

### 七　滨州

滨州市海岸线长 239 千米，滩涂面积 17 万公顷，约占全省滩涂总面积的 31%，水产养殖和制盐业具有一定发展基础，但是总体而言海洋产业较为单一，海洋经济基础比较薄弱。2017 年滨州海洋 GDP630 亿元，仅占全省海洋 GDP 的 4.5%。

《滨州海洋强市建设实施方案（2018—2022 年）》提出在空间布局上强化陆海统筹，构筑"一核引领、两翼协同、三基地带动、多园区支撑"融合发展的空间布局。具体来说，以北海经济开发区为核心引领；以沾化区、无棣县两个区块作为两翼协同发展；以黄河三角洲国家生态渔业基地、环渤海绿色循环油盐化工基地、环渤海海洋高端装备制造基地带动区域海洋经济发展；以全市域内多个涉海产业园区作为海洋经济发展的重要支撑。

# 第二节　山东海洋经济区域发展存在的问题

综合上述对沿海七市海洋经济现状的分析，虽然山东海洋经济总量较大，仅次于广东省，但是各沿海省市产业结构仍以传统产业为主，产业趋同性现象严重。从海洋经济规模上看，区域海洋经济发展严重不平衡，东部青岛、烟台和威海海洋经济规模较大，而东营、滨州等市海洋经济规模偏小；从产业结构上看，青岛、烟台、威海海洋产业较完善，并具有一定发展基础；东营、滨州海洋产业结构较为单一；而且各沿海城市在主导产业选择与发展方向上存在结构雷同现象。综合来看，山东海洋经济区域发展主要存在以下几个方面的问题。

### 一　产业集群内部空间协调度低，结构无序、内耗严重

随着山东海洋经济的快速发展，社会分工不断深入，海洋产业在区位选择上趋于集中，在空间上产业集群初具规模。例如：海洋渔业方面，形成了以青岛、威海、烟台、日照为代表的胶东半岛海水养殖、海产品精深加工产业集群；海洋装备产业方面，形成了以烟台、

青岛、威海为主海洋工程装备制造业集群；海洋可再生能源方面，青岛和威海依托资源和技术优势形成特色海水淡化及综合利用产业链条和基地；海洋化工方面，形成滨州海洋化工业集聚区和海州湾重化工集聚区。

但是产业集群内部没有形成有序的分层结构或是产业的承接与互补，不能实现资源的有效配置，导致产业集群的群体效应受阻，反而引发集群内部过度竞争，产生内耗。产生这一问题的主要原因在于单一产业链太短，在有限的单一产业发展空间下，使得沿海城市在产业定位、发展重点、运作模式上基本相似。海洋主导产业多数集中在临港石化、海洋牧场、船舶制造、海洋装备制造、港口物流、滨海旅游等产业。产业结构雷同导致各地政府为了地方利益，以优惠政策作为项目招商优势，导致区域产业间竞争大于合作，在相互挤压的背景下开展同质化竞争。上述区域海洋产业重复建设、产能过剩、恶性竞争等负面效应严重阻滞了海洋经济要素配置效率的提升。

山东港口群在东部地区相对集中，青岛港、烟台港、日照港3个亿吨大港占山东沿海港口总吞吐量的86.6%，对山东港口经济发展起主导作用，但港口间资源掠夺式竞争激烈，主要表现为行业内部结构雷同、产业链层次较低，难以有效延展港口腹地经济，港口集群的整体协同效应偏弱，导致在全国港口竞争中后劲不足。海洋装备制造业对前后向产业有很强的拉动效应，是未来海洋经济发展的核心产业，国内沿海省市都将海洋装备制造作为重点产业发展。但是过去长期重视传统产业的发展，以及技术和资本方面的约束，目前海洋装备制造业发展水平较低、研发及配套能力相对滞后，对于上游产业发展所需配套产品长期依赖进口或从其他地区采购；而下游产业产品附加值低，处于产业链低端。如潍柴重机30多家配套企业中，本地企业仅有10家，许多关键零部件均需要外地企业生产。在这种情况下如果仅关注地方利益和产业的短期利益，很难实现海洋装备产业集群的高质量突破。

二　海洋产业间融合度低，产业园区示范带动作用不足

海洋产业特色园区作为海洋产业结构调整、海洋经济集聚发展的

重要载体，是海洋产业布局最基本的空间组织形态，是加强区域海洋经济合作与交流的重要平台，在国民经济发展中发挥重要作用。沿海城市在发展海洋经济过程中也在进行模式创新，建设特色鲜明、功能多元、生态优先、技术创新的特色海洋产业园区，比如青岛海西湾船舶与海洋工程产业基地、荣成经济开发区海洋食品药品经济园等特色海洋产业园等。但综合来看，沿海城市海洋产业优势不突出，投资和生产较为松散，难以形成规模效应。

山东省已形成多级别、多层次海洋产业园区体系，但是多数特色产业园区处于初步建设、模式探索阶段，相关运行机制、公共服务平台不完善，对海洋产业缺乏足够关联带动作用，协同效应不显著，难以发挥园区对区域协调发展的带动作用。同时随着沿海城市化发展，沿海近岸空间资源急剧减少，海洋特色产业园区在建设用地方面也有一定限制，一定程度上也影响园区规模扩大与配套设施的完善（王贝贝，2016）。

### 三　海洋中心城市带动辐射作用乏力，区域协作机制欠缺

地方政府缺乏互通决策的规划意识和统筹合作意识，区域海洋产业竞争大于合作，缺乏常态化的合作机制和整体化的项目设计等，抑制了山东海洋区域经济的整体运作效率。青岛作为山东海洋经济中心城市，2017 年海洋 GDP 仅占全省海洋 GDP 的 20.7%，海洋经济首位度并不高。这反映出，青岛虽然集聚了全国 70% 的海洋科技力量，海洋产业体系也比较完善，但海洋经济发展对全省海洋经济的辐射带动作用并不强。需要进一步加强青岛在海洋科技创新、对外开放、海洋产业新旧动能转换、人才引进等方面的区域示范带动作用，加快海洋资源要素优势向区域经济优势转化，为全省海洋经济区域协调发展做出重要贡献。

### 四　海陆统筹机制不畅，没有形成陆地产业与海洋产业的良性互动

相对海洋经济，陆域经济具有更成熟的产业体系和更长的发展历史，是海洋产业空间布局的决定因素之一，更是海洋经济协调发展的重要支撑。港口在海陆联运、陆海统筹中发挥基础纽带作用，尤其是

以港口为载体，通过建立临港工业基地、临港物流园区、临港综合保税区等园区，促进海洋工程装备制造业、海洋化工业、海洋船舶工业、物流航运服务等相关产业的融合发展。因此从港口经济规模上可以看出区域陆海统筹一体化程度。

据山东沿海港口数据统计，2017 年滨州港货物吞吐量仅有1005.6 万吨，东营港货物吞吐量 5418 万吨；2018 年前 11 个月潍坊港货物吞吐量 4215 万吨；威海港年货物吞吐量在 4500 万吨左右。总体来看，威海港、东营港、潍坊港、滨州港 4 个地方性港口货物吞吐量仅占全省的 14%，港口业务规模较小，对临港工业的发展带动作用较小，不能有效促进海陆资源统筹。为了解决这一问题，2018 年山东省对东营港、潍坊港、滨州港进行整合，组建山东渤海湾港口集团，通过以资本为纽带、利用市场机制统筹以港口为核心的海陆资源，以加强港口腹地陆域经济对海洋经济的支撑作用，促进海陆资源的优化配置，服务于区域经济发展。

## 第三节　其他沿海省份海洋经济区域协调发展经验与启示

### 一　长三角一体化

长三角城市群是我国综合实力最强、一体化程度最高的城市群，在全国区域协调发展中发挥引领示范作用。长三角城市群"一核五圈四带"的空间结构日益清晰。目前合肥—南京—上海—杭州—宁波组成的"Z"字形空间轮廓越发清晰，除合肥城市圈外，其他城市圈均已由点串联成面。总结其一体化发展经验主要有：

（1）建立了有效的区域合作机制。在政府层面，长三角城市群已形成决策、协调和执行三层"三级式运作模式"，主要有"长三角地区主要领导座谈会""长三角地区合作与发展联席会议""联席会议办公室"以及"重点合作专题组"。在"三层运作"区域合作机制的基础上，长三角区域内部都市圈层面合作机制也不断创新。如浙东经济区、南京都市圈等采用市长联席会议制度、通过双向互访、挂职锻炼等多种方式积极搭建小范围区域合作平台，促进跨区域政府间协商，并针对重点项目落实到专业组，解决跨区域发展问题。着眼于小范围的区域沟通机制建设，有利于更精准、更有效、更低成本地解决区域协调问题，同时为高层级区域协同合作奠定基础。

（2）依托民间组织合作，形成自下而上的区域合作机制。包括社会团体、行业协会、公益组织和产业联盟在内的民间合作组织，极大地调动了企业寻求技术和市场合作的积极主动性。当前，已形成产业发展联盟、论坛学术交流和人文互动活动、涉及政策咨询和信息服务等多元化民间组织合作，成为政府实施区域协调政策的有力补充。

（3）联动发展体系一体化。区域内交通基础设施完善，各城市间人才、资本等要素互动合作频繁；文化交流、医疗合作、生态环境共治等重点领域也实现跨城市协同。长三角地区地方人大常委会法制工作机构通过建立立法信息共享机制（如建立实时共享的微信平台等），促进了区域间对于立法信息的交流与讨论，能够做到彼此关切，最大限度地发挥了立法资源和制度规范在区域一体化标准协同、监管协同、处罚协同中的重要作用。

（4）城市分工体系一体化。各城市产业特色明显，形成差异化竞争格局。上海发挥龙头引领作用，苏浙皖各扬所长。比如，上海以金融、批发和零售、汽车制造等产业为主；南京以文化、旅游、节能环保等产业为主；杭州以电子商务、文创产业和信息服务业为主；合肥以汽车及零部件、装备制造、家用电器和电子信息等产业为主（成长春，2018）。区域内城市在明确城市功能定位、分工协作机制的基础上，变同质竞争为协调发展，真正改变"高层务虚合作、基层务实博弈"的局面。

（5）一体化进程中，成功的产业链对接是一体化发展的内在驱动力。产业对接模式主要有三种：一是以跨国集团内部架构为主导的总部经济合作模式；二是通过本土企业产业链不同环节的空间分离实现区域分工与合作模式；三是外包、产业联盟等松散组织形式的分工与合作模式（涂然、王新军，2019）。

区域内城市通过产业链对接，在旅游合作开发、服务平台共享、专利交易以及知识产权保护等方面深入开展经贸合作。旅游合作的主要形式包括签署相关合作文件，规范旅游市场秩序、整合旅游资源开发项目、统一旅游标识牌标准，加强旅游品牌共建和监督工作。搭建的服务平台主要以园区共建、产销一体化等方式，促进长三角产业区域产销合作、区域产学研合作。如园区共建可以通过园区托管、双方共建、产业招商等形式促进区域产业转移和承接。在区域利益分享管理方面，聚焦产业转移承接以及产业链条的分布，明确税收分成比例。专利技术交易以及知识产权保护机制则主要通过搭建专利技术交易平台、签署知识产权保护协议等形式，整合区域技术资源，维护市场秩序。

（6）公共服务体系一体化。产业经济功能与城市发展相融合，区域内居民生活方式日益智能化和现代化，有力地促进了区域城市群的平衡发展。

### 二 广东省海洋经济协调发展经验

广东省海洋经济总量多年来一直位居全国首位。但海洋经济仍然存在产业结构层次不高、传统产业所占比重偏大、产业结构区域发展趋同性和单调性明显、产业同构现象较为严重等发展不平衡问题。广东省积极探索海洋经济的区域协调发展，并在统筹珠三角、粤东、粤西三大海洋经济区的临港工业、海洋战略性新兴产业和海洋科技、海洋旅游等产业空间布局方面取得成效。具体而言，广东省在以下方面具有值得借鉴的经验。

（1）积极培育现代海洋产业，增强海洋经济增长极的区域带动作用。产业发展重点聚焦海工装备、海洋生物医药、海上风电、天然气水合物和海洋公共服务五大海洋产业。

在海工装备方面，瞄准产业链高端，以重大专项为牵引，集中攻关共性关键技术，创建国家级智能海洋工程制造业创新中心，发展高端智能海洋工程装备超级产业；在海洋生物医药领域，集中发展海洋生物医药制品、海洋功能食品及保健品；海上风电产业重点支持三峡集团、中广核集团、粤电集团等龙头企业，带动开发海上风电项目规模化发展；围绕珠海桂山、湛江外罗、阳江沙扒、阳江南鹏岛等重点项目，突破海上风电平台装置关键技术，提高风能利用率；在天然气水合物发展方面，积极推进天然气水合物勘查开采先导试验区建设，带动钻采、生产、储运、服务等相关产业发展；在海洋公共服务业发展领域，积极引导海洋勘测、海洋大数据领域的龙头企业发展，加强新一代信息技术、互联网技术与海工装备、海洋环境监测产业的深度融合，构建以海洋信息基础设施为依托的海洋大数据信息体系。

（2）发展渔港经济区，促进传统渔业与区域经济的协调发展。2018年广东省试点6个标准管理示范渔港，充分发挥渔港对渔区经济社会发展的枢纽作用。结合广东传统渔业发展现状，加强港容港貌整治，开展渔港水域清理、港池航道疏浚，规范渔船停泊，推进渔港道路硬化、港区亮化、生态绿化、环境美化，发展生态良好、环境优越、具有独特魅力的新渔港经济区，并将渔港经济区纳入乡村振兴整体规划。

（3）通过建立海洋特色产业载体，促进区域协调发展。选择条件成熟的园、镇、村为载体，建设特色海洋产业园、海洋特色小镇、特色渔村、海洋创新创业"众创空间"等，促进海洋产业资源集聚，形成产业链联动机制，发挥对区域发展的示范带动作用。广州重点建设以海工装备、海洋船舶工业、海洋生物医药为核心的特色产业示范园区；深圳重点建设以海洋金融服务业、综合型国际邮轮旅游和深海智能装备研发为核心的特色产业示范园；珠江西岸重点建设以先进装备制造为核心的海洋特色产业园区；粤西则集中发展沿海临港工业、临海清洁能源和现代海洋渔业等海洋特色产业园区。

（4）通过建立海岸带综合示范区，促进区域海陆统筹。按照《广东省海岸带综合保护和利用总体规划》明确的海岸带区域开发强度管控、发展方向及相关制度安排，有序整治功能混杂的部分沿海岸线，调整产业布局，促进滨海资源有序开发，修复优化沿海生态环境。一方面加快推进深圳、湛江国家级海洋经济创新发展示范市建设，探索产业结构转型升级的创新路径；另一方面积极扶持发展优势海洋龙头企业，引领产业基础高级化、产业链高值化。

### 三 浙江省海洋经济协调发展经验

浙江省海洋经济发展中也存在省内市际海洋产业发展不平衡、海洋产业整体缺乏竞争力等问题。针对这些问题，浙江省将市际海洋产业协调发展作为促进海洋经济区域协调发展、提升海洋经济竞争力的主要路径。主要的可借鉴经验包括以下几个方面。

（1）加强流动性要素的跨区域一体化利用与区际溢出。如浙江利用上海海洋科技创新优势，积极引导本省企业和民间资本参与长三角海洋科技孵化与产业化，促进人力资源、技术研发、孵化资源、各行业品牌等要素跨区域配置。

（2）进一步优化制度环境。浙江省通过简政放权、创新制度环境，进一步激发市场活力，破解当前阻碍海洋产业发展的制度瓶颈，如，市场分割、政府激励扭曲、金融支撑乏力、产权与法律制度缺失等。通过供给侧改革，打破行政垄断，积极培育省市双尺度协调发展的要素支撑体系，净化市场环境，顺畅要素流动，重点提升港口海运业、船舶与海洋工程制造、海洋医药、滨海旅游与岛屿文化产业的国内与国际竞争力。

（3）加强创新链与产业链的融合。浙江省优势产业如海洋渔业、滨海旅游业、海洋船舶工业等呈现集聚发展趋势，但科技创新能力不足、产业链短、集中度低等问题仍制约产业集群竞争力的提升。针对这些迫切问题，浙江省重点营造产业发展环境、不断夯实技术创新基础，引导创新驱动、企业成群、产业成链、市场联动，加速创新链与产业链融合，建立了多部门、多层次的协调融合模式。

（4）以涉海重大项目为载体，带动区域海洋经济发展。浙江省发布《2018 年浙江海洋经济发展重大建设项目实施计划》（以下简称《实施计划》），安排实施海洋经济重大项目 348 项，2018 年内计划投资 10071 亿元，通过涉海重大项目拉动海洋经济发展。该《实施计划》中产业项目总投资最高的产业是沿海石化与海洋新材料产业，海洋新能源产业次之。非产业项目主要集中于港口码头与航道、港口集疏运网络等港航基础设施项目。

#### 四　海洋特色园区建设经验借鉴

其他沿海省市不断创新海洋特色园区建设，在促进海洋经济集聚发展的同时，对协调区域空间发展起到重要支撑作用。

（1）天津融合海洋工程装备制造业和海水利用业，培育临港经济区，吸引涉海龙头企业和具有高端引领的重大项目集聚。2016年园区入驻涉海企业达260多家，提供了3000多个就业岗位，为地区经济社会发展做出重要贡献。

（2）浙江融合与海洋渔业资源相关的第一、第二、第三产业，建立舟山远洋渔业基地。以国际水产品精深加工、远洋水产品冷链物流、远洋捕捞船队综合服务配套等为核心项目，汇聚远洋渔业企业30家，年捕捞量约占全国的22%，集捕捞、冷链物流和生鲜加工于一体，并积极发展海洋渔业文化产业，实现多元产业融合发展。

（3）广州南沙科技兴海产业示范基地2014年被认定为国家级科技兴海示范基地，通过资源集聚加速科技与海洋产业融合，积极推动海洋高端工程装备制造、海洋生物育种、海洋生物医药和生物制品、现代海洋服务等产业的深度融合。2016年，国家海洋局对基地工作进行检查评估中获得优秀考核。

# 第四节　对策建议

## 一　加快建立区域协调新机制

在区域协调发展中，产业集群、中心城市和沿海区域应呈现点轴相关，点面结合的协同发展关系。探索形成沿海城市间结构错落有致、功能相得益彰的合作机制和一体化发展架构，需要政府顶层设计的规范化引导，也需要市场机制对资源要素的灵活配置。

一是强化海洋经济发展规划对接，实行沿海地区东中西部区域"地带间协调"和特色海洋城市群协同并举。立足省内沿海城市现有资源基础和海洋经济优势，加强对不同类型、不同地区之间海洋经济发展规划的对接；强化区域规划立法，规定区域规划的责任权利以及制定、实施和监督评价程序，从区域战略层面强化海洋经济发展的整体性和协同性。

二是健全海洋经济利益分享和补偿机制。尤其是对于海洋经济欠发达的西部沿海地区，充分尊重区域的话语权和利益表达有效性，基于公平、公正原则实现沿海城市在海洋经济发展中的利益共享。通过加强一般性转移支付比例，对海洋经济落后的沿海城市给予财政补贴，促进海洋经济基础产业的发展。对于跨区域海洋生态问题，可以通过把"生态补偿"转化为"生态共建"，促进区域间联防联控。

三是统筹政府和市场，加大沿海地区经济活力。加大涉海民营企业改革，破除部分市场准入限制，创造活跃的市场发展环境。精简现行的相关地方性法律法规和制度规定，进一步加快"放管服"改革，最大限度降低制度性交易成本，构建市场"无形之手"、政府"有形之手"、社会"勤劳之手"各安其位、协同高效的制度环境。

四是从山东沿海地区海洋经济发展格局出发，建立有权威的区域协调机构和相应的法律保障。区域协调机构应既包括由省一级政府设立的领导小组及办公室，也包括由沿海市县级政府组建的负责人联席会议制度、城市联盟或合作办公室（如上海的长三角合作办公室）。通过健全区域协调合作的相关法律制度，实现对海洋经济区域协调发展的法治化管理，确保协调发展战略的长期稳定性实施。

**二 以海洋产业融合促海洋产业布局优化**

一是以产业协作促海洋三产融合。通过建立产业集聚园区、产业融合示范园区、启动实施重大工程项目等多种形式，加速产业间互补协作的对接与融合，尤其是生产性服务业向制造业生产前期的研发、中期的产品试制及后期的营销推广进行全方位渗透；立足当前传统产业部门、特定传统产业集群所面临的关键共性问题以及制度环境问题，加速信息化与工业化的融合，提高传统产业的产品质量和全要素生产率。做优做绿第一产业，做实做强第二产业，做精做活第三产业，引导产业技术融合、功能融合和价值融合，推动产业纵向融合、横向融合、交叉融合。通过完善海洋产业园区功能，促进要素流动互补，加强不同海洋产业的聚合发展。

二是以产业链延伸促海洋产业内部融合。积极引导企业集中，打造领军型产业融合发展企业，发挥引领作用；围绕产业链附加值低的关键薄弱环节统筹创新链，做好"补链式""延链式""强链式"的产业承接，实现产业链向高端延伸。在产业链延伸方面，以产业结构为导向，形成以主导产业为核心，开发和加工等配套产业相互协调的新型发展模式；围绕沿海城市海洋资源优势，以资源导向强化对海洋产业链的垂直整合，构建融合资源技术和资源网络的大数据平台；对海洋经济发达地区，加快技术导向的海洋产业升级，积极发展海洋高新技术产业，促进优质资源的合理配置。

三是以新技术渗透促海洋产业跨界融合。发展"互联网＋"，通过跨界融合，加速产业的重组融合。要推进信息技术与生产、加工、流通、管理、服务和消费各环节的技术融合与集成应用，提升技术装备水平，完善城乡互联网基础设施和物流体系，为海洋三产融合发展奠定坚实的信息化基础。顺应大数据、物联网、云计算、人工智能等新技术革命发展趋势，通过对具有紧密关系的不同产业间或是同一产业不同行业间资源配置的重组融合，实现多产融合，发展以"互联网＋"和数字经济为导向的商业模式创新和新业态。

四是以产业功能拓展促沿海地区产城融合。夯实空间一体化基础，通过产城融合促进海洋产业融合。在城市发展中，做好产业规划和城市规划的衔接，通过功能互补机制、技术创新机制、基础设施机制、政策调控机制、生态约束机制等促进产城融合，引导各种要素在产业园区或是特色小镇集聚，夯实产业融合发展的空间一体化基础，实现产业集聚与城市功能的互补、要素融合和空间融合。借助"一带一路"战略，将省内区域协同与对外开放更紧密地结合起来，为加快推进海洋经济区域协调发展注入新的巨大动力。

### 三　加强海陆产业联动，促进海陆一体化发展

实现区域海洋经济协调发展必须从海陆联动视角，统筹人与海洋、海洋与社会、海域与陆域的和谐发展，将海洋经济发展规划纳入国民经济整体规划系统，充分发挥海洋在沿海地区经济和资源中的平衡作用。

第一，以海陆主导产业为主体，引导海陆产业链对接。沿海地区基于海洋资源开发优势，合理选择主导产业，优化海陆产业布局，强化海陆产业链的对接和综合管理。重点推进海陆产业关联度高的产业。一方面积极优化升级海洋渔业、海洋交通运输和滨海旅游等海陆关联度高的传统产业；另一方面大力发展海洋装备制造、海洋电力、海洋化工等产业关联度强的产业，做好产业前向或后向关联的陆域产业，将海洋产业链向内陆腹地延伸。以资源条件好、竞争优势明显、具有巨大发展潜力的海洋产业，或是对海洋开发支撑作用强、具有巨大带动作用的陆域产业为突破口，通过产业链条的延展，促进海陆产业的有效衔接，实现海陆产业的互促互利、互补互动。

第二，积极发展以临海产业为核心的海陆产业集群。港口是海陆资源和产业互联互通的重要纽带，要加强发展以港口为依托的临港产业集群。以大型企业集团为龙头，合理布局、优先发展一批港口依赖性强、对海洋资源开发利用关联度高的海洋石油化工、新材料、装备制造、新能源、钢铁以及船舶等临港产业群，增强沿海地区海陆产业集群的竞争力。临港产业拥有巨大的资源集聚能力和经济辐射能力，一方面连接了海上资源开发与陆地加工、贸易和服务，将海洋资源优势由海域向陆域拓展；另一方面促进陆域经济技术、人才等要素向沿海地区集中。国外的发展经验也证明：港口—临港产业带—海岸带城市化是促进海陆一体化的有效途径。

第三，加强海岛协同发展，推进五大岛群的保护利用。长岛及烟台群岛重点发展海洋生态牧场、海洋旅游业，加快建设海洋生态文明综合试验区，争创海洋类国家公园；威海岛群重点发展海洋生态牧场、海洋旅游业，提升刘公岛海洋文化旅游品位，打造国际知名的海岛旅游休闲目的地；青岛岛群重点发展现代化的港口物流、海洋文化创意设计、游钓型游艇业等，创新特色海岛服务业模式；日照岛群重点发展深远海智能化海洋牧场，建设全国重要的海岛综合保护开发示范区；滨州岛群重点保护贝壳堤岛与湿地生态，发展海洋生态旅游，建设黄河三角洲海岛保育示范区。

第四，打破海陆二元结构，积极推进海陆产业关联度高的区域发展。海岸带是海洋资源开发的重点区域，是海洋经济发展的支点，内陆腹地是海陆联动发展的重要支撑，只有海岸带与内陆腹地实现资源互补性、空间依赖性、经济技术关联性的良性区域互动，海陆经济才能真正实现协同发展。这需要加强以下四方面工作：一是沿海地区结合自身优势与海洋资源优势，培育海洋优势产业，优化海洋产业布局，促进生产要素和海洋产业的区域性集聚，形成具有强大辐射带动作用的海洋经济。二是通过市场和政策机制，促进资源要素、劳动力要素和科技要素在海岸带与内陆腹地间的充分流动，渐进式完成经济技术的区域梯度转移，实现海陆优势互补。三是"对症下药"，通过要素流动渠道制度设计，有针对性地进行宏观政策倾斜。四是加强海陆统筹协同经济利益，做好沿海地区与内陆腹地的合作交流，推动钢铁、石油炼化等产业向沿海集聚发展，倡导内陆地区与沿海地区形成利益共享体。

第五，以国家海洋战略为契机，拓展山东海陆统筹新空间。一方面通过深化与京津冀、环渤海、长三角等地区的战略合作，拓展海陆统筹发展新空间；另一方面面向全球拓展，促进山东半岛的崛起。面对新发展格局，深度融入"一带一路"国家建设，充分发挥与日韩的地缘优势，拓展国际市场，重点在大洋渔业、海洋油气矿产等资源勘探开发方面推进合作；通过建设海外产业园区、综合保障基地等形式，在更开放的范围内构建陆海资源优势互补、协调联动的海洋产业链、创新链、价值链、物流链和生态链。

**四　加强海洋中心城市的引领作用，促进区域合作**

优化区域发展形态，加强城市群间的合作。城市群、特色小镇等具体区域发展形态，是区域合作发展的重要平台和支撑。打破"一亩三分地"的属地理念，将一定区域内各城市捆绑后形成特色城市群，借助人流、物流、信息流等资源的整合汇集，促进生产要素的有效流动和优势互补。

第一，聚焦港口和城市建设，坚持多点多极战略。充分发挥济南、青岛作为中心城市的带动作用。重点发挥青岛的综合优势和龙头引领作用，打造海洋经济高质量发展主引擎；发挥青岛海洋科学城、东北亚国际航运枢纽和沿海重要中心城市综合优势；强化青岛西海岸新区、青岛蓝谷、国家军民融合创新示范区、国际邮轮母港平台功能；加快建设国际先进的海洋创新中心、海洋发展中心和具有全球影响力的国际海洋名城。

青岛、烟台等海洋经济发达城市要以"一带一路"倡议为契机，不断扩大对日韩的对外合作，积极推动海洋产业的升级，延伸面向腹地的产业和服务链，形成带动区域发展的增长节点。同时着力强化滨州、东营等海洋经济较为薄弱的沿海城市在保持优势海洋产业的基础上，承接海洋中心城市的产业转移，使各城市功能分区与城市产业结构特征相匹配，促进区域协调发展。

第二，完善区域协调的轴线和网络建设。推进省内沿海地区交通、能源、信息等基础设施的对接，加快完善跨区域公共服务机制、生态环境联防联治机制，增加区域市场的开放度。加快构建联系省内东部沿海城市群和中西部内陆城市群的跨界政策网络，增强彼此的合作共信，降低潜在风险，减少机会主义行为。

第三，以协同发展为动力，加快海洋示范园区建设。结合区域发展定位，找准资源和产业优势的对接点，实施区域海洋经济发展中的梯度转移策略，通过产业融合和"四新"相结合，加速产业集聚，将不同产业链转向适当区域实施园区式集中发展，积极构建区域协调分工格局。

第四，创新区域合作机制，优化生产要素的区域配置。发展海洋中心城市向外围城市拓展的"飞地经济"，积极探索优质资源跨区整合模式、产业链跨区域垂直整合模式、贴牌生产的区际代工模式和跨区域海洋园区共建模式，建立互利共赢、共同发展的互助机制。

# 第十章　山东省海洋经济对外开放的研究

党的十九大报告明确提出，"要推动形成全面开放新格局"，这是新时期党和政府在深刻把握国内外经济发展新形势，针对我国经济发展新变化作出的重大战略部署。回顾改革开放 40 多年中国对外开放的经济篇章可以看出，我们取得了惊人的发展。1978 年，中国的 GDP 仅为 1495 亿美元，约占世界 GDP 的 1.8%；2017 年，中国 GDP 达到了 122377 亿美元，占世界 GDP 的比重超过了 15%，1979—2017 年，GDP 的年均增长率达到 9.5%。伴随着中国经济规模不断扩大，经济对外开放的程度也在不断提升，2017 年中国实际利用外资 1310.35 亿美元，这一数值是 1983 年的 60 倍，年均增长率为 12.8%；同年对外直接投资存量 18090.4 亿美元，规模约占全球外国直接投资流出存量的 5.9%，世界排名第 2 位①。

今天中国作为世界第 2 大经济体，其经济发展方向备受世界瞩目，在取得重大经济发展成就的同时，以习近平同志为核心的党中央在国内外、多个重要场合明确表明中国进一步推动改革开放的态度，从博鳌亚洲论坛 2018 年年会上"中国开放的大门不会关闭，只会越开越大"的宣言；从视察广东时，提出粤港澳大湾区建设，打造高水平对外开放门户；到首届中国国际进口博览会开幕式上，提出进一步扩大开放的力度，打造对外开放新高地；无一不体现出中国政府继续深化改革和进一步扩大开放的决心。

习近平总书记在多个场合对新时期改革开放方向的深入阐释，为

---

① 国家统计局官方网站，http：//www. stats. gov. cn／；商务部官方网站，http：//www. mofcom. gov. cn／.

各地的深化改革开放的道路指明了方向。2018 年 6 月，在山东视察时，他明确要求山东主动融入国家开放大局，打造对外开放新高地。作为海洋大省，山东推动形成全面开放新格局，紧紧抓住国家新一轮全面扩大开放的重大机遇，加快向海洋进军，进一步扩大海洋经济领域的开放水平，打造出开放层次更高、营商环境更优、辐射作用更强的山东开放新格局，助力加快海洋强省建设，已迫在眉睫。

# 第一节　山东省积极推动海洋经济<br>对外开放新格局的背景

　　山东省东临黄渤海，与朝鲜半岛、日本列岛隔水相望；西连黄河中下游流域，经济腹地广阔；北临京津冀城市群，是环渤海经济圈的重要一翼；南接长三角经济带，拥有庞大的消费市场。从区位上看山东省是我国由南向北扩大开放、由东向西梯度发展的战略节点，开展国际经济合作条件得天独厚。同时，山东省的海洋资源丰富，具有极大的海洋经济方面发展的优势和潜力，长达 3345 公里的海岸线，约占全国海岸线总长的 1/6；毗邻海域面积与陆地面积相当；沿岸分布 200 多个海湾，以半封闭型居多，可建万吨级以上泊位的港址 50 多处；拥有 500 平方米以上海岛 320 个，海洋可开发区域空间广阔（杜鹰，2012）。

　　优越的地理位置和丰富的海洋资源为山东推动海洋对外开放奠定了良好的基础。多年来，山东依托海洋，发展海洋事业，加快建设开放型海洋经济的步伐从未停歇。新中国成立后，从 50 年代 "金星号" 主持第一次全国综合性海洋调查开始，到 80 年代末的全国海岛综合调查，山东省一直通过新中国最早的一批海洋科学研究机构，积极支持着国家海洋事业发展，为国家需求的海洋科学研究领域开展了奠基性的工作（孟祥君等，2014）。1991 年，山东省委、省政府就提出发展海洋经济，向海洋进军、建设 "海上山东" 的发展战略，走在了全国各省海洋事业建设的最前沿。

进入 21 世纪，山东开发海洋、利用海洋的脚步进一步加快。2006 年，山东发布《山东省海洋经济"十一五"发展规划》，明确提出把海洋经济纳入全省经济全局统筹考虑，将半岛城市群、胶东半岛制造业基地、生态省建设和黄河三角洲开发相结合，做到陆海统筹，相互促进，使山东的海洋经济区域成为全省乃至黄河中下游地区的对外开放平台、物流基地和国外产业转移承接基地。2011 年，国务院批复了《山东半岛蓝色经济区发展规划》，同意山东省协同国家海洋局打造半岛蓝色经济区，促进山东海洋经济在重点领域实现突破。

多年来，国家和省政府的重视使得山东的海洋经济发展硕果累累，截至 2018 年山东省的海洋 GDP1.55 万亿元，分别约占全省 GDP 和全国海洋 GDP 的 1/5（赵洪杰、付玉婷，2018），海洋产业已成为本省经济产业的重要组成。新时期，山东推动更高水平的对外开放，必然要从海洋领域有所突破，引领海洋领域的开放来推动形成全省开放新格局成为当下经济发展面临的大课题。

对此，山东省委、省政府也做了多层考虑。2017 年 6 月，山东省第十一次党代会就提出加快建设海洋强省，做出了建设具有国际先进水平的海洋经济发展示范区的战略部署。9 月，召开了全省开放型经济发展大会，将山东开放的目标定位于积极融入国家"一带一路"倡议，形成全方位、宽领域、高层次的开放新格局，努力建成服务全国、面向世界的沿海开放新高地。2018 年 2 月，山东省政府与国家海洋局签署共同推进实施山东省新旧动能转换重大工程战略合作框架协议，将在海洋科技创新与对外交流合作等方面开展合作，进一步扩大海洋经济领域的国际合作。5 月，省委、省政府又印发了《山东海洋强省建设行动方案》，其中第九条对海洋开放合作做了更加细化的部署，提出了要积极融入"一带一路"建设，发挥青岛、烟台海上合作战略支点以及青岛、日照新亚欧大陆桥主要节点城市作用，加快形成陆海内外联动、南北对接融合、东西双向互济的全面开放新格局。

纵观国家和山东省的对外开放及海洋发展的多项战略，可以说山东推动海洋对外开放与国际合作迎来了前所未有的重大发展机遇。抓住机遇，由高度开放的海洋经济带动陆地经济良性互动，促进陆地经济与海洋经济协同发展，将山东打造成为国家发展大局中的开放创新型海洋强省恰逢其时。

# 第二节　国外发展经验与启示

国际海洋先进国家在开放型的海洋经济和国际合作发展措施上有很多值得借鉴的经验，其中的日本、韩国和中国同样为东亚国家，又与山东隔海相望，在地理区位和海洋资源构成上有高度的相似性，总结两国典型地区在开放型海洋经济发展上的成功之处，对山东乃至全国海洋开放与国际合作实践的下一步发展有着重要意义。

## 一　日本冲绳经济特区和旅游创新特区结合案

日本的冲绳位于日本最南部，距离日本九州本岛约 650 千米，距离中国台湾约 626 千米，1500 千米的交通圈内覆盖了马尼拉、香港、上海、大阪、首尔、平壤等亚洲多个重要城市。利用亚洲海上交通的中心位置，冲绳自古以来就从事日本的本岛、中国大陆和东南亚的中继贸易，被称为"万国津梁"。近年来，为了进一步发展和东南亚国家的经济合作，冲绳进行了多项区域内经济政策调整，特别是从 2014年 4 月开始，通过建立经济特区降低区域内关税来促进海外投资和贸易的增长，在产业政策上面向自由贸易成员国完全开放，域内最大税制减免率达到 40%，吸引了很多国家在当地投资。

根据本地产业的特色，目前冲绳分别设置了经济金融活性化特别区、国际物流据点产业集聚区、情报通信产业振兴区、情报通信产业特别区、观光地形成促进区、产业高度化和事业革新促进区 6 大税费优惠区，除了所得税的优惠外，部分产业区还有 20%—50% 的高额退税补偿可供选择，域内实际最大优惠税率达到了 50%。另外，配套外资进出口的手续简化，港口、道路和空港的税收相应优惠等政策有效增加了国际贸易和国际投资量。比如汽油和高速公路费率约为本岛的40%，航空燃油税约为 50%，港口采用中转货物装卸、保存以及管理费用的部分免除，来吸引航运公司等措施，有效地减少了企业的运输和运营成本（见表10－1）。

表 10－1　　　　　　　　　日本冲绳经济特区税制优惠

| | 经济金融活性化特别区 | 国际物流据点产业集聚区 | 情报通信产业振兴区 | 情报通信产业特别区 | 观光地形成促进区 | 产业高度化和事业革新促进区 |
|---|---|---|---|---|---|---|
| 对象地区 | 明护市 | 那霸市、浦添市、丰见城市、宜野湾、系满市、珊瑚岛、冲绳地区 | 24市村町 | 那霸、浦添地区、宜野座地区、珊瑚岛 | 冲绳全境 | 冲绳全境 |
| 对象行业 | 金融产业、信息通信产业、观光产业、农业、水产养殖业、制造业等 | 制造业、包装业、仓库业、航空设备业 | 电气通信业、软件业、信息处理业、服务业、客户服务中心 | 信息中心、互联网服务及供给行业、互联网连接检验行业等 | 运动、休闲、教养文化、疗养、会议、贩卖设备等 | 制造业、包装业、仓库业、批发零售、运输业、工业等 |
| 投资税率 | 机械等为15%<br>建筑物为8% | 机械等为15%<br>建筑物为8% | 机械等为15%<br>建筑物为8% | 机械等为15%<br>建筑物为8% | 机械等为15%<br>建筑物为8% | 机械等为15%<br>建筑物为8% |
| 特别补偿 | 机械等50%<br>建筑物25% | 机械等50%<br>建筑物25% | — | | — | 机械等34%<br>建筑物20% |
| 其他 | 适用工业税制；所得税率、投资税额税率、特别补偿三者选一 | 所得税率、投资税额税率、特别补偿三者选一 | — | 所得税率、投资税额税率二者选一 | — | 所得税率、投资税额税率二者选一 |

经济金融活性化特别区的政策不同于国际上单纯的金融中心建设，力图在冲绳本岛打造本地多产业共同活性化发展基础上的国际金融中心城市，因此实行的是"实体经济产业"和"金融产业"双轮综合型发展方针。指定名护市为经济金融活化区，鼓励金融关联产业、情报通信产业、水产养殖业、制造业、观光业的发展，将多种事业和科教文卫事业综合发展。区域内所有投资企业实行的所得税免除40%，并按雇用人员数增加免税额；符合条件的投资税扣除，其中机械、器具为15%、建筑物为8%；税额特别返还中机械、器具可达到50%、建筑物为25%；对创业中小企业的支持放宽，提供租金和税制优惠；其他的事业税、不动产取得税以及固定资产课税额都可申请部分免除。系统的税务免除体系使得国外贸易商能以最小的成本获得商业机会，而区内多产业的企业发展，使得区域经济形态多样、灵活，整个经济区的抗经济风险的能力也明显上升。

另外，为了打造东南亚和东亚中继国际物流中心的目标，冲绳对原有物流体系进行了全新的改组，采取了装箱、散货、转运分立的港口运输链，依托第三方物流公司提供高效的、辐射广阔的地区快速增值货物进出口和货物运送履约服务；在港口的开发和运营中充分引入民间资本，通过招标系统配置港口、码头和运输体系的最有规划建设；运用新电子信息技术，将港口的物流配送体系和情报通信产业区的技术运用结合，通过电子商贸、供应链管理等技术使得港口的运转更高效合理。

除了经济特区的发展战略外，近年来冲绳着力打造国际旅游创新特区，在吸引国际游客上取得了引人注目的成绩。冲绳作为世界著名的海洋旅游地，旅游资源以本地的历史文化、海洋风光、饮食为主，度假酒店和海滩与夏威夷齐名，旅游设施完善，拥有着良好的旅游资源、设施的基础条件。据统计，2018年度赴冲绳旅游的总人数合计超过了984万人，比上年增加了4.7%，连续6年增长；其中国际游客超过290万，比前一年增加了36万人以上，增长率超过14%。国际游客来源地主要是中国大陆、中国台湾、中国香港、韩国、美国等地。而根据2012年的统计显示，当年冲绳的国际游客刚刚超过38万人。短短的 6 年时间，冲绳的国外游客数量增长了 7 倍多，超过了 290 万人次。①

年度近千万的旅游人数，加上住宿、饮食、购物等附加消费，旅游业可以说是冲绳最大的产业之一。这些都得益于 2014 年日本内阁就批准冲绳设立了"国际旅游创新特区"，使旅游业，特别是国际旅游业快速发展起来。冲绳国际旅游创新特区是日本政府成立的六个一级国家战略特区之一。所谓的国家战略特区，即安倍第二次上台后构想的新经济特区方案，在一定的地域内实行大胆的制度放开和税制优惠引入民资，力图创造出"世界第一便利于商务的环境"，旅游业作为冲绳的传统大产业，利用国家战略特别区域的机遇，结合本地旅游资源优势实现了质的飞跃。

措施上，冲绳成立了旭桥都市再开发公司，通过以点带面的方式进一步发展国际旅游业。以旭桥都市再开发公司为首，利用日本《都市再开发法》的特例，首先尽可能提高轻轨等公共交通的旅游便利度。航空税率降低 50%，使得外国人入境成本大大降低。针对外国人的特殊"旅游交通券"，即多景点联合交通公司推出的"景区 + 交通"组合优惠券，这种优惠券并不仅仅是单纯的景点加交通的优惠组合，而是在区域内的热门景点间配置定时往返的公共交通，并在区间内标注各种购物、餐饮和展览信息，极大地便利了不通语言的外国游览者利用。因为优惠券政策实行便利、带动了多个关联产业共同发展，在实行一定时间后，为了扩大吸引力度，使用范围甚至扩大到日本其他地区，和本岛的旅游区协同发展，使用优惠券的外国游客数量巨大。

同时，加大旅游业和本地商业的紧密性，在当地旅游的中心区域设置了国家战略道路占用区域，将旅游问询服务所、多语言观光导览区、旅游巴士停车区等基础设施结合到一起，打造一个区域旅游服务

---

① 文化观光运动部观光政策课：《平成 30 年入境观光客统计》，https：//www. pref. o-kinawa. jp/site/bunka - sports/kankoseisaku/kikaku/statistics/tourists/documents/h30 - reki - gaikyou. pdf 2019 - 03 - 27.

指导中心，为区域内所有旅游景点做具体的旅行指引。该区域紧邻城市的商业中心区，集聚美术馆等公益设施和办公、商业购物场所，力图形成一个具有国际性的经济活动复合区域。另外，各种配套政策，比如针对外国人入境的签证、入境、免税手续的简化、建立世界最大的海洋潜水培训和观光管理人才的培训基地，以及住宿设施升级等，使得冲绳旅游业的基础更加完善，冲绳经济特区和旅游战略特区结合发展的模式，使得当地的国际贸易、物流转运以及旅游业等产业共同发展，形成了一个国际货物、人员的流动网，在日本本国乃至东亚都声誉在外。

**二　韩国釜山市积极推进东北亚海洋首都建设案**

釜山广域市（相当于我国的直辖市）是韩国第二大城市也是第一大沿海城市。自 2006 年提出建设东北亚海洋首都为市政目标以来，利用独特的区位优势以及中央和地方政府的共建模式，积极推动海洋开放与合作。经过十几年的发展，取得了重要进展，初步具备了东北亚海洋首都的雏形。在这里海洋首都是指"以海洋为基础的经济、社会、文化活动活跃，综合海洋产业最为发达的中心城市"。

（一）积极建设东北亚航运中心

釜山港作为韩国的第一大港口，一直致力于东北亚物流中心的建设。经过多年的努力，已发展成为世界超级港口。据上海国际航运中心统计，2017 年釜山港集装箱吞吐量完成 2047 万 TEU，成为全球第六大集装箱港口。其中中转量突破 1000 万 TEU，仅次于新加坡港，成为全球第二大集装箱中转港。集装箱班轮航线也多达 530 条线，居东北亚榜首。

推进东北亚物流中心建设的主要措施：一是构建了自贸区完善、便利的海关监管体系和相对宽松的口岸环境。釜山港自贸区实行"境内关外"宽松的海关监管政策。因此，国外集装箱货物在釜山港中转非常便利，国际物流中转自由。比如在釜山港进行物流中转出口，手续简便，不需要进行备案，效率很高。二是实行集装箱港口物流费收优惠措施和奖励政策。为发展国际集装箱物流中转服务，巩固其中转枢纽港的地位和竞争力，采用降低港口费率、减免港口费用等措施吸引货源，并对忠实可靠的集装箱航运客户给予补贴来稳定货源。三是采用有效的营销与战略合作方式。高度重视集装箱物流中转服务营销及与其他港口建立战略合作关系。为稳固其国际中转枢纽港地位，釜山港与我国的青岛港、烟台港、日照港、威海港四港，联合签署战略联盟协议，构建了中韩4+1港口战略联盟合作机制（陈继红、朴南奎，2016）。

（二）大力拓展海洋会展（MICE）产业

MICE产业是会议、展览、奖励旅游和节庆产业的总称。作为现代服务业务的重要组成部分，不仅可以为城市带来巨大的经济效益，还有利于加强城市与外界的商贸、文化交流，推进城市基础设施建设，提高城市的知名度和美誉度，已成为国际主要城市竞相发展的先导产业之一。

近年来，釜山依靠区位优势及完善的基础设施和服务功能，在中央和地方政府的大力支持下，已发展成为世界重要的会展城市之一。据国际协会联合会（UIA）统计，2016年釜山市共举办各种国际会议152场，居世界城市第14位。其中涉海并具有国际重要影响力的会展有世界海洋论坛（World Ocean Forum）、北极合作周（Arctic Partnership Week）、国际海洋工程设备展（Offshore Korea）等。

其中，2007年创办的世界海洋论坛享有"海洋领域达沃斯论坛"美誉，每年30个国家和地区的2000余名海洋界人士参加，已成为东亚乃至国际有知名影响力的海洋论坛，为推动釜山海洋产业发展、扩大地方对外开放做出了积极贡献（见表10-2）。

表10-2　　　　　　　　釜山市举办的主要海洋国际会展

| 名称 | 创建年份 | 周期 |
| --- | --- | --- |
| 世界海洋论坛 | 2007 | 每年 |
| 船舶压载水国际论坛 | 2013 | 每年 |
| 国际造船与海洋产业展 | 2001 | 两年 |
| 釜山国际水产贸易博览会 | 2003 | 每年 |
| 北极合作周 | 2016 | 每年 |

另外，釜山市为发展会展产业的主要措施有：制定了会展产业培育条例并依据该条例编制会展产业年度发展规划、成立了会展产业发展协调机制和专责机构、提供了专项基金（每年不低于 200 万美元）。

（三）创建海洋创新地区并引进海洋国际机构

釜山作为韩国最重要的海洋城市，集聚了众多涉海机构和大学。自 2005 年决定建设洞三海洋创新地区以来，截至 2017 年年底，韩国海洋科学技术院、海洋水产开发院等 13 家涉海国家研究院完成迁入，建设海洋创新地区已初具规模。目前，釜山市集聚了全国 90% 以上的国家涉海研究院，高级海洋人才（教授）占全国 80%，涉海专业本科生占 60% 左右。

另外，依靠海洋科研教育集聚的效应，近年来，积极引进海洋国际机构，并取得了一定进展。继 2004 年、2005 年成功引进西北太平洋行动计划（NOWPAP）和 APEC 气候中心以后，2015 年成功与联合国粮食及农业组织（FAO）签署了关于成立世界水产大学（World Fisheries University）的协议并确认正式建校之前进行相关试点课程。该大学的试点课程（渔业资源、渔业养殖、社会科学）在釜庆大学于 2017 年 9 月正式开设以后，2019 年 4 月迎来了首批 24 个国家的 44 位毕业生。目前，FAO 世界水产大学已进入理事会的审批程序，计划于 2021 年正式成立（见表 10 - 3）。[①]

表 10 - 3　　　　　　　　　釜山市引进的主要海洋国际机构

| 机构名称 | 引进年份 |
| --- | --- |
| 西北太平洋行动计划（NOWPAP） | 2004 |
| APEC 气候中心 | 2005 |
| 联合国粮农组织（FAO）世界水产大学（试点课程） | 2017 |

---

① 韩国海洋水产部，http：//www. mof. go. kr/article/view. do? menuKey = 381&boardKey = 15&articleKey = 11708，2019 年 4 月 2 日。

# 第三节　山东省海洋对外开放的现状与问题

## 一　山东省海洋经济的现状与问题

山东省涉海区域有 7 个市和 35 个县级行政区，各地市的海洋经济发展水平不均衡，以青岛市、威海市、烟台市为主的滨海城市，带动海洋渔业、船舶工业、海洋高新技术产业、滨海旅游业、海洋石油和化工以及海洋运输业六大海洋产业突出发展，积极推动着本省经济产业的快速增长和升级转型。山东作为传统的海洋大省，其发展海洋经济的基础条件好，本省的海岸线北起鲁冀交界处的漳卫新河河口，南至鲁苏交界处的绣针河河口，总长 3345 千米；海域面积北起渤海湾南部，南至海州湾，跨渤海和黄海，总面积约为 47300 平方千米；渔业资源丰度高，近海栖息和洄游的鱼虾类达 260 多种，其中虾、扇贝、鲍鱼、海胆等海珍品的产量居全国首位；近海有渤海湾南部、莱州湾、烟威、威东、石东、石岛、连青石、青海、海州湾等多处渔场，渔场总面积约 59434 平方千米；海域资源储量大，沿岸有浅海油气、滨海煤炭、海底金矿、地下卤水、盐业资源等，其中浅海油气、金矿和煤炭开采均在全国占有重要的地位，海盐是全国四大海盐产地之一，各种矿产资源储量丰富。从海洋资源综合实力上看，山东在全国 11 个沿海省市中处于中上水平。

良好的海洋资源基础使得山东的海洋经济发展活跃，2011 年全国海洋经济 GDP 中，广东、山东、上海的海洋生产总产值分列全国前三位，其中山东省的海洋 GDP 为 8029 亿元，约占全国同项目总值的 17.7%；2016 年，这一数值达到了 13280.4 亿元，占全国同项目的比重也增加至 19.1%，5 年间山东省的海洋经济产值保持了快速、稳定的增长。

对比全国沿海省市区的数据来看，广东省的海洋经济总产值一直稳定保持在全国第 1 位，2011 年该省的海洋 GDP 为 9191.1 亿元，约占全国海洋经济 GDP 的 20.2%，到 2016 年这一数值已经增长至

15968.4亿元，占全国海洋经济 GDP 也升至 22.9%；2011 年，上海市的海洋 GDP 为全国第 3 位，总额 5618.5 亿元，约占全国同项目总值的 12.4%。近年来该市的海洋经济发展速度变缓，2016 年的海洋经济 GDP 为 7463.4 亿元，约占全国同项目的 10.7%，对比 2011 年占全国同项目 12.4% 的比例，有明显的下降，排名下降到全国第 4位；福建省的海洋经济 GDP 增长较快，2016 年的总额达到 7999.7 亿元，约占全国同项目的 11.5%，2011 年该省同项目数值只占全国的 9.4%。

从增长额来看，2011—2016 年全国海洋经济 GDP 增长中，广东省保持着最大年增长额，年均增长额为 1355.5 亿元，在沿海各省市中一直是首位，表明近年来广东省的海洋产业保持了高速增长；山东省紧随广东省之后，海洋经济 GDP 年均增长额为 1050.3 亿元，一直稳定保持着全国第 2 位，但是对比其海洋资源的丰度来看，山东海洋资源开发利用程度较低，尚未形成产业规模，海洋产业的水平仍不均衡；上海市的年均 459 亿元，年均增长额排全国第 5 位，上海市的海洋产业增加值的变化不稳定，出现过海洋产值负增长的情况，增长额也有逐年下降的趋势，5 年间年均增长率也滑落至全国第 5 位，表明近年来上海市的海洋产业发展动力不足，海洋经济发展速度跟不上本市产业整体的发展；与之相对，近年来福建省的海洋 GDP 保持了持续、快速的增长，特别是在海洋第三产业上发展速度较快，海洋产业整体效益有很大提高，年均增长额为 743.3 亿元，居全国第 3 位。

总体来看，广东省、山东省、福建省、上海市的海洋经济在沿海省市区中属于前四位，前三省的海洋经济生产总额超过了全国海洋 GDP 的一半；就 5 年间海洋经济产值占沿海地区 GDP 比均值来看，广东省为 22.6%、山东省为 18.4%、福建省为 29.9%、上海市为33.6%，海洋经济产值占地区经济产值的比例较高，表明四省市的海洋产业对该区域内经济生产的贡献较大，在拉动本地省市的经济中占重要地位。其中，山东省虽然属于上述全国海洋大省的前列，但是整个海洋产业比例相对其他海洋大省较低，在一定程度上表明山东省的海洋经济潜力尚未充分发挥（见表 10 - 4）。

表 10 - 4　　　　2011—2016 年全国沿海省市区海洋经济总产值　单位：亿元

| 地区 | 指标 | 2011 年 | 2012 年 | 2013 年 | 2014 年 | 2015 年 | 2016 年 |
|---|---|---|---|---|---|---|---|
| 山东 | 海洋 GDP（亿元） | 8029.0 | 8972.1 | 9696.2 | 11288.0 | 12442.3 | 13280.4 |
| | 占沿海地区 GDP 比（%） | 17.7 | 17.9 | 17.7 | 19 | 19.7 | 19.5 |
| 广东 | 海洋 GDP（亿元） | 9191.1 | 10506.6 | 11283.6 | 13229.8 | 14443.1 | 15968.4 |
| | 占沿海地区 GDP 比（%） | 17.3 | 18.4 | 18.2 | 19.5 | 19.8 | 19.8 |
| 浙江 | 海洋 GDP（亿元） | 4536.8 | 4947.5 | 5257.9 | 5437.7 | 6016.6 | 6597.8 |
| | 占沿海地区 GDP 比（%） | 14.0 | 14.3 | 14.0 | 13.5 | 14.0 | 14.0 |
| 福建 | 海洋 GDP（亿元） | 4284.0 | 4482.8 | 5028.0 | 5980.2 | 7075.6 | 7999.7 |
| | 占沿海地区 GDP 比（%） | 24.4 | 22.8 | 23.1 | 24.2 | 27.2 | 27.8 |
| 江苏 | 海洋 GDP（亿元） | 4253.1 | 4722.9 | 4921.2 | 5590.2 | 6101.7 | 6606.6 |
| | 占沿海地区 GDP 比（%） | 8.7 | 8.7 | 8.3 | 8.6 | 8.7 | 8.5 |
| 辽宁 | 海洋 GDP（亿元） | 3345.5 | 3391.7 | 3741.9 | 3917.0 | 3529.2 | 3338.3 |
| | 占沿海地区 GDP 比（%） | 15.1 | 13.7 | 13.8 | 13.7 | 15.5 | 15.0 |
| 河北 | 海洋 GDP（亿元） | 1451.4 | 1622.0 | 1741.8 | 2051.7 | 2127.7 | 1992.5 |
| | 占沿海地区 GDP 比（%） | 5.9 | 6.1 | 6.2 | 7.0 | 7.1 | 6.2 |
| 天津 | 海洋 GDP（亿元） | 3519.3 | 3939.2 | 4554.1 | 5032.2 | 4923.5 | 4045.8 |
| | 占沿海地区 GDP 比（%） | 31.1 | 30.6 | 31.7 | 32 | 29.8 | 22.6 |
| 上海 | 海洋 GDP（亿元） | 5618.5 | 5946.3 | 6305.7 | 6249.0 | 6759.7 | 7463.4 |
| | 占沿海地区 GDP 比（%） | 29.3 | 29.5 | 29.2 | 26.5 | 26.9 | 26.5 |
| 广西 | 海洋 GDP（亿元） | 613.8 | 761.1 | 899.4 | 1021.2 | 1130.2 | 1251.0 |
| | 占沿海地区 GDP 比（%） | 5.2 | 5.8 | 6.3 | 6.5 | 6.7 | 6.8 |
| 海南 | 海洋 GDP（亿元） | 653.5 | 752.9 | 883.5 | 902.1 | 1004.7 | 1149.7 |
| | 占沿海地区 GDP 比（%） | 25.9 | 26.4 | 28.1 | 25.8 | 27.1 | 28.4 |
| 全国 | 海洋 GDP（亿元） | 45496.0 | 50045.2 | 54313.2 | 60699.1 | 65534.4 | 69693.7 |
| | 占沿海地区 GDP 比（%） | 15.7 | 15.7 | 15.8 | 16.3 | 16.8 | 16.4 |

从山东省海洋经济 GDP 的变动来看，2011—2016 年，山东省的海洋 GDP 从 8029.0 亿元增长到 13280.4 亿元，海洋 GDP 保持了持续上升，年平均增长率超过 10%。海洋经济整体上保持了稳步的发展速度，海洋经济发展对本省经济整体的拉动力也在逐步增强。目前山东省的海洋产业结构属于不稳定型"三二一"顺序结构，即海洋第三产

业对比第二产业并未形成绝对优势的产业结构类型。从表 10-4 的数据看，2011—2013 年，本省的海洋产业结构上仍是海洋第二产业为首位，这是山东多年来以海洋船舶、海洋石油和化工、海洋矿业等产业为主的发展结果；通过采用新技术成果逐步进行技术升级，2014 年山东的海洋第三产业产值增长到第 1 位，顺利实现了产业结构"三二一"的转型，但是就 2014—2016 年的三大产业产值额对比情况来看，山东省海洋的第一、第二产业发展阶段分化不明显，省内的海洋产业分布区域差异过大，地区间海洋经济发展水平仍存在较大差别，合理性较差。

就海洋各产业总值来看，海洋第一产业与第二、第三产业相比产值较低。2011—2013 年，山东省的海洋第一产业 GDP 保持了稳定增长，但 2014 年开始，海洋第一产业 GDP 开始下降，至 2016 年降至776.8 亿元，约占全省海洋经济 GDP 的 5.9%；与之相比，山东省的海洋第二产业一直保持了快速增长，2011 年该项 GDP 为 3961.9 亿元，占同项目全省总值的 49.4%，到 2016 年，其 GDP 已增长为5730.7 亿元，但同项目占全省海洋 GDP 比例下降至 43.2%；海洋第三产业在整个海洋经济产业中扮演着举足轻重的地位，2014 年以前山东省的海洋第三产业发展速度一直低于第二产业，但近年来发展速度迅猛，2016 年该项 GDP 为 6772.9 亿元，约占同项目全省总值的50.9%，增速明显高于第二产业，支撑起全省海洋经济的半壁江山。

在海洋第三产业的快速发展中，值得一提的是山东省在海洋科研教育管理服务业上的突出增长，2011 年该项目 GDP 为 1222.5 亿元，到 2016 年已增长为 2565.5 亿元，科研机构经费收入总额位居全国第2 位，仅次于北京；在科研机构专利、课题实验发展情况、专业人才结构等方面山东省都具有较强的综合实力，特别是在海洋专业人才的培养上有着明显优势，成为我国海洋专业人才的孵化地（钱宏林等，2016），这将成为山东海洋产业发展中的一个突出优势，应加大力度巩固发展，为未来海洋经济发展提供更好的科技、人才的服务和支撑（见表 10-5）。

表 10 - 5　　　2011—2016 年山东省海洋经济 GDP 及相关构成　　单位：亿元

| 年份 | 第一产业 | 第二产业 | 第三产业 | 总值 |
|------|----------|----------|----------|------|
| 2011 | 540.9 | 3961.9 | 3526.3 | 8029.0 |
| 2012 | 648.7 | 4362.8 | 3960.6 | 8972.1 |
| 2013 | 715.7 | 4593.9 | 4386.6 | 9696.2 |
| 2014 | 794.5 | 5089.0 | 7034.9 | 11288.0 |
| 2015 | 790.0 | 5522.4 | 6110.0 | 12442.3 |
| 2016 | 776.8 | 5730.7 | 6772.9 | 13280.4 |

　　虽然从海洋经济发展的现状来看，山东处于全国较为领先的地位，但是与广东省相比较，山东在资源可持续开发程度、海洋产业结构等经济综合发展实力上仍然有很多不足。整体来看，山东省的海洋资源虽然丰度高，但是在渔业资源集约化发展、海岸带保护、工业废水和固体废物排放等方面面临着巨大压力，开发利用的粗放处理使得资源受到极大的浪费与破坏；在传统的海洋第二产业为主的生产结构的调整过程中，山东省面临着加快转变产业经济发展的繁重任务，海洋资源利用上以粗放利用为主，大量围海养殖未依法管理；大量的围海造陆改变了近海的海域自然状态，海洋生态环境破坏问题突出。

　　同时，海洋及港口等方面规划不完善，缺乏全省的统筹布局，海洋综合管控能力不足。沿海地市的海洋利用规划未与本省或者周边地市的海洋功能区划相配套，出现重复建设、投资以及空置浪费严重的现象；海域资源利用上存在围填海域而未用，或者填海成陆后空置现象，据有关报道，2012 年以来，山东全省填海造地 11357 公顷，空置率近 40%（刘诗平，2018），反映出政府在掌控地方行为落实上不到位、全省综合海洋管理能力差的问题。

　　**二　山东省海洋经济的开放水平与问题**

　　经济的开放水平，代表着国家或地区在地理范围上和经济领域上开放型贸易的水平。山东省作为北方外商投资的重点区域，毗邻东北亚的两大经济体的日、韩两国，处于东北亚经济圈的南端位置；国内经济区域上，又是沿黄河经济带、环渤海经济区带和环黄海经济带的交汇处，依托广阔的腹地和地缘优势，一直是中国和东北亚经济融合发展的重要窗口。2017 年山东省的目的地进出口货源总额为 3162.9 亿元，是北方最大的进出口贸易省份，在全国沿海各省市中按国内目的地和货源地进出口总额排名第 5 位。

虽然山东省的对外贸易近年来有了很大的增长，但是与全国先进海洋大省比较，开放型经济水平整体处于中低水平。就 2017 年的数值来看，同年广东省按国内目的地和货源地进出口总额为 11136.6 亿元，江苏省的总额为 6364.9 亿元，分列全国的前二位，而山东省按国同项目总额只占到广东省同项目总额的 28.4%，江苏省的 49.6%。从海洋资源丰度、地缘优势等贸易条件来说，山东省与粤、苏两省相差无几，东北亚经济圈的经济总量更远远大于东南亚经济圈，外部经济环境非常优越，但是山东省对外进出总额仍相对下降，说明山东省的开放性贸易水平还是明显落后。

就海洋经济领域来看，山东省的海洋经济开放水平也处于沿海 11 省市区的中游位置。根据国家海洋局第一海洋研究所刘大海及其团队的研究成果，2000 年以后，山东省的海洋经济全面开放指数排名多年排在全国第 5 位，2016 年滑落至全国第 6 位。该评估体系对海洋经济开放、海洋社会开放、海洋科技开放三个方面，分为海洋渔业、海洋交通与运输业、滨海旅游业、其他经济、海洋教育、通信、文化、海洋科技、成果开放、海洋科技进步 10 个分项指数对海洋经济的全面开放水平进行了测度分析。在指数评估体系中，山东省的综合指数中得分相对较高，和浙江省、福建省一起被列为海洋开放水平第二梯次的省份；就评估分项来看，特别是在海洋科技开放分指数方面，山东省作为中国海洋科技强省在海洋科研成果产出、海洋科技进步等方面取得了卓越的成绩，海洋科技成果开放方面山东省领跑全国，表明区域经济开放水平有所提高（刘大海等，2018）。

但是，纵观 2000—2016 年山东省在沿海省市区的海洋经济开放指数排名，2005 年以前曾 2 次位列全国第 2 位（2000 年、2004 年），2 次位列全国第 3 位（2001 年、2003 年）；2005 年之后，山东省的排名降至全国第 5 位，与之相对，广东省则一跃成为海洋经济开放的第一梯队，并保持排名稳定在全国首位；福建省和浙江省的开放水平也提高很快，角逐着全国排名的第 3 位、第 4 位。排名顺序的变化反映的是各省份海洋经济的全面开放水平的变化，多年来山东省的排名虽然在全国沿海省市区的排名中略微靠前，但是总体来看其海洋经济对外开放的发展速度跟不上其他先进的海洋大省的步伐，在海洋交通与运输业、滨海旅游业、通信业和文化等分项的开放度等方面仍存在很多不足，在今后山东深化海洋经济开放、拓展海洋经济发展上，应加大对短板的弥补（见表 10－6）。

表 10－6　2000—2016 年中国沿海省份海洋经济全面开放指数排名

| 年份 | 排名 | | | | | | | | | | |
|------|----|----|----|----|----|----|----|----|----|----|----|
| | 1 | 2 | 3 | 4 | 5 | 6 | 7 | 8 | 9 | 10 | 11 |
| 2000 | 上海 | 山东 | 浙江 | 广东 | 天津 | 福建 | 江苏 | 辽宁 | 海南 | 广西 | 河北 |
| 2001 | 上海 | 浙江 | 山东 | 福建 | 广东 | 江苏 | 天津 | 辽宁 | 海南 | 广西 | 河北 |
| 2002 | 上海 | 浙江 | 广东 | 福建 | 山东 | 天津 | 江苏 | 辽宁 | 海南 | 广西 | 河北 |
| 2003 | 上海 | 浙江 | 山东 | 广东 | 福建 | 天津 | 江苏 | 辽宁 | 海南 | 广西 | 河北 |
| 2004 | 上海 | 山东 | 浙江 | 广东 | 福建 | 江苏 | 天津 | 辽宁 | 海南 | 广西 | 河北 |
| 2005 | 上海 | 广东 | 浙江 | 福建 | 山东 | 天津 | 江苏 | 海南 | 辽宁 | 广西 | 河北 |
| 2006 | 上海 | 广东 | 浙江 | 福建 | 山东 | 天津 | 江苏 | 海南 | 辽宁 | 广西 | 河北 |
| 2007 | 上海 | 广东 | 福建 | 浙江 | 山东 | 海南 | 天津 | 辽宁 | 辽宁 | 广西 | 河北 |
| 2008 | 上海 | 广东 | 浙江 | 福建 | 山东 | 江苏 | 海南 | 天津 | 辽宁 | 广西 | 河北 |
| 2009 | 上海 | 广东 | 福建 | 浙江 | 山东 | 江苏 | 辽宁 | 海南 | 天津 | 广西 | 河北 |
| 2010 | 上海 | 广东 | 福建 | 浙江 | 山东 | 江苏 | 海南 | 天津 | 辽宁 | 广西 | 河北 |
| 2011 | 上海 | 广东 | 福建 | 浙江 | 山东 | 海南 | 江苏 | 天津 | 辽宁 | 广西 | 河北 |
| 2012 | 上海 | 广东 | 福建 | 浙江 | 山东 | 江苏 | 海南 | 天津 | 辽宁 | 广西 | 河北 |
| 2013 | 上海 | 广东 | 福建 | 浙江 | 山东 | 海南 | 江苏 | 天津 | 辽宁 | 广西 | 河北 |
| 2014 | 上海 | 广东 | 浙江 | 福建 | 山东 | 江苏 | 天津 | 海南 | 辽宁 | 广西 | 河北 |
| 2015 | 上海 | 广东 | 福建 | 浙江 | 山东 | 海南 | 辽宁 | 江苏 | 天津 | 广西 | 河北 |
| 2016 | 上海 | 广东 | 福建 | 辽宁 | 浙江 | 山东 | 江苏 | 海南 | 天津 | 广西 | 河北 |

# 第四节　山东省海洋对外开放的重点产业

目前山东省海洋 GDP 和对外贸易总额都保持了快速的增长，部分重点领域的海洋产业优势持续上升，可以说初步形成了海洋对外开放的经济基础。但是，从山东省海洋产业经济的对外开放度来看，与沿海其他省市相比还有很大的上升空间。多年来，山东省传统海洋产业比重一直较大，导致了整个海洋产业发展方式相对粗放、海洋新兴产业的发展不足，省内各地市海洋对外经济水平不均衡，全省的海洋开放型贸易的体系尚未形成。在新的历史起跑线上，山东正面临着海洋经济多年粗放型发展的瓶颈，如何打造高质量的海洋对外开放体系的问题亟待解决。

统筹全省沿海地市发展规划，在海洋对外开放上应以海洋产业合作为引擎，通过国际港口物流体系、高新技术和先进制造业、海洋能源资源以及旅游服务业为重点领域，开展国际共建海洋特色产业园，发挥各地市的优势，支持有实力的外国企业参与到政府的海洋开发事业中来，拓展海洋经济的国际合作领域，提升山东省整体的海洋经济对外开放水平，形成一个海陆相济、产业协调、内外联动的更高效开放型海洋经济体系是山东由海洋大省转变为海洋强省的关键。

## 一　国际港口物流体系的打造

以港口为中心物流产业近年来成为世界各地经济增长的重要组成部分，目前山东省沿海港拥有生产型泊位 581 个，其中万吨级以上深水泊位达 297 个。在 2017 年全国沿海港口货物吞吐量排名中，山东省的青岛港、日照港和烟台港分列第 5 位、第 9 位和第 10 位，港口资源丰富。今后，应支持以青岛、日照、烟台等港口为主，面向东北亚、东南亚，连接欧洲、美洲、澳洲等地区的国际港口物流中心体系。

从山东省对外贸易的对象来看，东北亚的日、韩作为世界排名靠前经济体，因为地缘优势，两国一直是山东对外经贸的重要伙伴，近年来两国在山东省除了传统的劳动密集型制造业外，金融、保险、技术研发等方面新兴的投资与合作也快速增长，投资方向呈多元化发展，并逐步形成了产业规模。山东打造国际港口物流体系，首先应以与日、韩的合作为主体进行构建跨境的东北亚经济体的物流转运体系。此外，近年来山东省和俄罗斯的进出口贸易额不断增长，随着中欧班列的增加，鲁俄的各种交流与合作也更加普遍，山东省对俄贸易从产品输出逐步发展到产业链的跟进，在双边的经贸中发挥越来越重要的作用。考虑到与俄罗斯的贸易增长趋势，山东省打造国际物流中心规划中，应充分预设东北亚国际港口物流中心的与俄罗斯合作的运输线路建设的合作。在具体的物流体系规划时，可以参考日本冲绳国际物流产业集聚区的建设经验，以青岛港、烟台港、日照港为主，按地理远近辐射，距山东省 500 千米交通圈内，包括了日本的下关市、韩国的釜山市、仁川市、光阳市、平泽市，朝鲜的南浦市等多个日、韩、朝的重要国际港口；国内港口包括了天津市、大连市、营口市、上海市等北方大港，开展联合东北亚域内物流合作的优势明显。可以先通过缔结友好港口协议、组建港口联盟等形式，加强与邻近港口的合作，山东省给予域内协议港口在装卸、仓储、设备以及港口服务上多重的税制优惠；通过联合国外企业组建合资大型物流企业，实现国内、国外物流市场联合，将青岛、烟台、日照打造成连接东北亚经济圈和东南亚经济圈的国际物流中心港口群。

以上述港口城市群为中心，联合陆运、空运交通能力，进一步拓展物流、人流的合作范围，打造覆盖 1000 千米、1500 千米的亚洲多个重要城市交通圈。发挥日照港的亚欧大陆桥的"桥头堡"优势，联合日、韩、俄三国充分利用跨亚欧的铁路、公路运输能力，为港口城市群的货物转运、联运、分销等提供有力的转运通道保障。同时，积极建立起空港转运体系，以济南、青岛、烟台的国际机场为主，增强面向日、韩的中转换乘功能，全面实施部分国家过境免签政策，入境后旅客享受两周内全省范围活动不受限，以吸引中转旅客停留；积极推动建立更多、更广的赴欧、美、澳、俄以及东南亚等国的航线航班，打造一个直接面向东北亚、东南亚各城市，中转欧、美、澳等国家和地区空中物流、人流分拨中心。

## 二 海洋高新技术产业和先进制造业

海洋新兴产业技术研发的投资额大、回报周期长、风险性高、专业性强的特征使得很多沿海省份的海洋高新技术产业和制造业面临着缺乏资金、专业人才不足的产业发展障碍。山东省青岛市作为全国最早的海洋技术与调查基地，拥有良好的海洋科学技术发展平台，可以为新兴的海洋技术产业和先进制造业的研发提供坚实的技术支持。目前，以中科院海洋研究所、自然资源部海洋一所、海洋科学与技术国家实验室等专门从事海洋科学研究机构为首，山东省内的海洋科学技术研发在青岛形成了基础研究、应用基础研究和社会公益服务的综合性海洋海洋技术研究机构集聚的趋势。山东省在海洋高新技术产业和先进制造业的发展上，需要依托已有的海洋专业人才和科研机构，通过推进大学、海洋科研机构和企业的合作，强化基础及尖端的技术联合研发，加强多方在技术转化生产上的连接，实现企业（产）、学校（学）、政府（官）联动体系。切实推动打造国家级海洋科技创新基地及科研实体来提升海洋科技产业作用，以技术升级来转变传统海洋产业的运行，实现海洋经济产业更高效发展，进一步为山东省乃至国家的海洋资源开发和管理、海洋经济发展提供技术保证。

在打造国家级的海洋创新基地的同时，切实加深与国际先进国家在海洋科学与技术上的合作，通过直接引进、合作研发以及外出访学等多种方式，引进和学习国际上的海洋新技术、新业态，再依托青岛等城市的海洋科研机构的技术力量将国外的有益部分吸收转化为山东省的产业力量，逐步将山东打造成全国性综合海洋高新技术产业基地。利用本地在国内领先的海洋科研和人才的优势，结合优势海洋产业基础发展海洋战略性新兴产业，在青岛及邻近地市推动建立国际海洋科技合作园区，引导外资向海洋产业的高新技术和先进制造业集中，打造国家级海洋产业的研发中心和产业基地。支持在山东的海洋高校及科研院所，通过与国外相关机构联合，组建国际性的海洋科技创新联盟，参与到当前国际最新海洋科学、海洋开发的研究中，同时将国际上先进的、可推广的实用性的海洋产业技术推广到省内适合的沿海区域，以技术来推进地区性海洋产业和相关制造业的发展。

### 三　海洋资源、能源产业

丰富的海洋资源是山东省推动海洋产业转型、开放型海洋经济的宝贵资源基础和重要的竞争优势。山东省在开发省内的海洋资源时，主管及执行机构要做到严格管控、依法行政、统筹管理来坚持海洋产业的科学、持续的发展，引导全省海洋资源开发向海洋资源健康合理的利用方向发展，推动海洋高质量资源开发、集约利用逐渐取代粗放生产。重点发展现代海洋渔业、养殖业、生物及制药业等海洋资源产业，推动传统渔业向休闲渔业，养殖业向海洋牧场等方向多元化发展，加大海洋渔业资源的增殖力度，来解决现存的渔业、养殖业等方面的资源与环境的双重压力。海洋药物和生物医药工程以全球最新趋势为发展目标，利用青岛等地的海洋科研机构的专业深度，结合山东省的海洋资源优势，推动高精尖技术的突破，实现山东在海洋药物及生物医药工程上的领跑，促使产业经济效益的快速增长。

同时，注重提升国际合作水平推动山东省传统海洋产业的升级。在目前可行的条件下，积极寻求适合范围内的国际合作，先易后难，加强环东黄海国家地区在海洋生态保护上的合作，联合应对海洋环境污染与治理。共同推动重要海洋经济生物的繁殖海域、洄游通道和栖息地的保护政策，在公共海域完善休渔期、禁渔区制度，建立共同海洋保护区，多方面合作实施海洋区域生物资源的增殖、休养行动；推动以海洋生物制造、生物基地材料等生物制造业在东北亚域内的国际合作，将日、韩海洋药物和生物医药工程中高附加值、高技术含量的产业及产品通过长期互惠、需求引进和协同开发等方式，推动山东省的海洋生物医药产业发展布局。

除了海洋资源产业外，山东省在海洋油气、海洋矿产、海洋装备与勘探、海洋可再生能源等产业上也有着深厚的基础。山东省应利用原有产业基础优势，向国际拓展在海洋资源产业开发方面的合作，特别是在深海勘探开发上，通过在勘察、开采以及加工等产业链上的广泛合作，吸收国际上的新技术，来带动山东省甚至全国的深海资源开发技术的革新；对于海洋可再生资源，可以允许国外的大型企业进入，通过协议合作的方式参与到关键技术、装备的研究生产中，逐步提高海洋能源装备的研发水平；对于临近海域内有争议的海洋油气等能源的开发，可以协商划定开发范围，共同勘探开发，共同参与利益分派，尊重域内各方利益关切，克服在国际海洋能源开发上的不同国家规制上的欠缺，推动构建可行的地区海洋合作方式。

### 四 滨海旅游服务业

涉海旅游及服务业作为海洋第三产业的重要部分，属于滨海地区的特色产业，包含了在岸、离岸水面上进行的各种休闲活动，不仅有旅游项目消费，旅游配套的餐饮、住宿、购物等消费也有巨大收入。根据自然资源部海洋战略规划与经济司报告显示，2018年我国主要海洋产业全年实现增加值33609亿元，其中滨海旅游业增加值占到47.8%，积极开发、规划滨海旅游及其服务业的发展对沿海省市区的经济创收具有重要意义。山东省的青岛、烟台、日照等城市具有优越的气候条件和滨海文化资源，滨海旅游业发展得也比较早，配套度假、休闲设施、旅游产品也比较完善，属于国内滨海旅游发展较快的区域。但从游客构成来看，山东省内的滨海旅游的观光客主要来自国内，国际客源率不高，表明山东省的滨海旅游尚未在国际上形成自己的品牌。

依托航空、港口等国际通道的便利性，重点发展与日、韩、俄等国际旅游合作，根据各国不同的旅游资源及地理情况，推动优势互补、错位开发、多层次的区域旅游发展方式，共同打造具有东北亚特色的海洋旅游圈。这方面也可以借鉴日本冲绳国际旅游区的成功经验，建立合资或者合作型的大型跨国旅游集团作为主导者，整合国际旅游资源、突出国别特色的国际旅游产品，形成区域内旅游组合团体，共同受益。各国政府在游客入境、过境、签证办理、免签、免税、域内交通优惠等方面进行政策倾斜，多方合作，推动建立海洋国际旅游自由区，通过国际合作来提高山东省滨海旅游及服务业在东北亚乃至全世界的吸引力。

支持青岛、烟台、威海建设国际邮轮母港，开通多层次的东北亚乃至环球邮轮旅游高端航行产品；推动入境多次往返签证简化、落地签以及交通优惠价格等吸引政策，争取国际邮轮入境旅游团 15 天免签政策，济南、青岛、烟台国际机场全面实施部分国家外国人过境免签政策，降低旅行成本；在省内推动针对境外游客的购物、旅游、度假等一系列语言、信息等措施，提高外国游客的旅行便利性；建立面向国际游客的专门退税系统，推动各地市游客免税、退税手续简化。

以日、韩、俄市场为主，着力打造深度游、度假游等多次游览旅行产品，争取让山东省的滨海旅游业成为东北亚域内的旅游热点区域；另外，联合日、韩、俄等东北亚国家，开拓共同客源市场，针对欧美及其他非亚洲的游客群，提供突出中、日、韩国别文化和风土人情的东北亚特色旅游产品；针对市场群体做细化分析，按照游客需求提供多层次、多类型以及个性化的旅游产品，以提高山东区域旅游的魅力。

# 第五节　对策建议

随着中国经济融入全球化进程的加快，山东省以沿海城市群为首，统筹规划全省各地市参与国际市场与国际分工，打造开放型经济体系也进入了关键时期。开放的海洋经济体系关键在于政府提供有效的政策支撑平台，针对目前山东省海洋经济发展的优劣产业，通过政策牵引来补短板、增优势，对此政府应在以下方面做好政策规划支撑，来为全方位的国际合作交流提供保障。

## 一　做好全省海洋经济的综合设计和优势拓展

重点是抓好全省整体布局，既要在横向上覆盖到省内各地市，统筹规划；又要在纵向上兼具当前与未来 20—30 年的发展空间，制定远期规划。综合考量各地市的产业结构现状，确定主要港口以带动城市群发展，实行分类、分级的错位发展，对海洋新兴产业的国际发展趋势高度关注，依据本省优势，制定科学发展策略，壮大已有海洋优势产业。

山东省的海洋科技创新综合实力位居全国沿海各省市的首位，政府应对以青岛为主构建国家海洋科技国际名城的发展布局进行专题研究和详细论证，完善政策支撑体系，建立平台载体，进一步巩固并扩大山东省在全国，乃至周边国家和地区的海洋科技优势，并转化形成产业，建立国际交流、输出合作机制。目前，山东省直接参加、参与了多项国际海洋科技交流与合作，使本省和国外一流科研机构的交流越来越广泛。以青岛市的海洋科技国家实验室为代表，国家海洋局海洋一所、海洋地质所、山东大学、中国海洋大学等一批海洋科研机构先后分别与美国、英国、加拿大、澳大利亚等国家建立起多项共建实验室和海洋研究的合作项目，国际南半球海洋研究中心、中韩海洋科学共同研究中心、中荷海岸带地质研究中心、中印尼海洋与气候联合研究中心、中泰气候与海洋生态系统联合实验室以及联合国教科文组织海洋动力学和气候培训与研究区域中心等国际合作项目，为山东省参与全球海洋重大科技问题研究提供了良好的交流纽带。

今后政府应着力完善国际科技合作、国际海洋人才引进、海洋合作成果产业转化等方面的政策决策支撑体系，完善配套的激励政策。充分发挥青岛海洋科研机构集聚的优势，规划国家级海洋科技名城，以海洋科学为支撑带动国际合作交流。加强与国外海洋院校、国际海洋组织、海洋行业协会的人才交流与技术合作，吸引跨国公司、外国专家及团队来鲁，鼓励国外海洋机构在山东省设立研发中心，争取集聚一批具有国际影响力的海洋功能机构和国际先进水平的研发机构，来重点打造山东省的海洋科技品牌，形成可以辐射全球的海洋科技合作平台载体。

## 二 构建完善的营商社会服务体系

开放型贸易结构除了能吸引来外资，更需要完善的营商服务体系来让外资能留得住、发展好，优化营商环境、提高跨境贸易的便利性对于山东省推动海洋经济扩大对外开放具有重要意义。加大政府的政策扶持力度，围绕国际经济合作、人才交流、成果转化等方面的相关扶持政策，同时保障充分的金融、保险等衔接配套措施，强化国际企业的进驻和合作渠道，建立起规范、顺畅的国际合作、交流机制。

第一，要积极发挥各级政府在行政审批工作中的协调作用，确保各项贸易审批工作有政策、能落实、可实行。通过精简进出口环节审批监管事项，进一步优化监管证件办理程序、口岸通关流程和作业方式等工作，加快推进海关等贸易行政管理机构的能力现代化，努力打造世界一流的宜商、营商环境。同时，通过政府引导，引入民间资本，强化港口信息化设施配置，以智慧船舶、智慧码头、智慧运输和智慧物流服务等精细化管理，提升整个港口物流管理系统的信息化、智能化水平。

第二，应进一步强化沿海地市的金融、保险体系的支撑作用，建立和健全服务于国际合作交流的风险投资与融资体系，充分发挥财政资金在国际合作中的引导作用，吸引外资集聚海洋重点领域，提供国际性的海洋产业、经贸的金融保障平台。借鉴国外保险行业经验，利用多边投资完善各项保险业务，制定外资进入的保障政策。

第三，建立健全投资信息服务平台，完善行业中介组织，为外商在山东的经贸投资提供一个高效、便利的交流平台。通过提供信息指导、服务资讯、业务推介等形式，向全球推广山东省的外贸政策、项目状况以及投资环境等投资的有效信息。积极发展专业化、国际化的行业中介组织，为企业提供相关的信息、法律、财务等咨询服务，推动建立包容性、全球性的公共服务体系。

**三　推动完善海洋产业的海外布局的政策体系**

开放型的海洋经济不仅要"引进来"，还要"走出去"，政府制定和实施有利于本省企业海外布局的财政、税收优惠等政策体系，对于海洋经济对外战略性的发展有着重要作用。2017 年，山东省实际对外投资 377.5 亿元，其中跨国并购实际投资 117.8 亿元，对外承包工程新签合同额 874.7 亿元，完成营业额 793.7 亿元，分别比上年增长 4.0% 和 9.3%，派出各类劳务人员 7.2 万人，增长 4.2%。总体来看，山东省经济的海外发展呈现出强劲的增长势头，其中境外投资区域以青岛、烟台、威海、潍坊等沿海地市为主，对外投资产业也集中在传统优势产业上。为加快培育国际经济合作和竞争优势，2018 年山东省商务厅对境外经贸合作区建设六种类型做了指导性分类，其中与海洋产业较为相关的有四大类：①以海洋矿产、油气等资源开发、加工和综合利用为主导的资源利用型合作区；②以远洋渔业捕捞、中转仓储、深加工、渔船修造、远洋渔业后勤保障、船员境外培训服务等为主导的远洋渔业型合作区；③以商品展示、港口或陆路运输物流、仓储（海外仓）、集散、配送、跨境电商、信息处理、加工组装等为主导的商贸物流型合作区；④以新一代信息技术、高端装备、新能源、新材料、高端化工、生物医药等高新技术及产品研发、设计、实验、试制为主导的科技研发型合作区。

以上述境外经贸合作区为重点发展范围，结合山东省产业结构调整，通过财政资金支持和税收优惠等政策引导对外投资的涉海重点领域方向，利用国际国内两个市场、两种资源开展国际产能合作，将境外经贸合作区打造成山东省的国际涉海产业合作区。

其中，海洋资源利用型园区应充分考虑国家战略性目标的实现，政府部门应建立对企业开发境外资源的支持机制来扶持发展，优化境外资源要素配置。同时，建立制度化和规范化的运营体系，实现信息共享、有效沟通，鼓励企业将境外资源及开发产品销回国内。远洋渔业型合作区应立足山东省海洋自然条件和资源基础，应充分发挥山东省在渔业技术、仓储运输、船舶装备上的优势，深化山东省与国外在良种繁育、养殖生产、产品加工的技术合作，共建综合性远洋渔业基地、海洋特色产业园，支持和鼓励企业参与深海、远洋、极地等海洋资源勘探开发，加强与周边地方政府间的设备、装备业的共同研发，利用投资带动先进技术和产品的引进。商贸物流型合作区需要完善境外商贸物流网络，提高内外贸易的便利性，利用山东省打造的国际港口物流体系，实现产业链的国际延伸、供应链的全球整合、价值链的高端提升，依托由政府、企业和各大商会组成的多元运输体系，到境外建设营销网络，深化海洋产业的国际产能合作。涉海的科技研发型合作区应充分利用山东省在海洋科技上的优势，联合省内涉海的科研机构、高校和各大企业在境外设立和运行海洋科技产业合作园区，通过技术输出合作加速海洋产业在非洲、东盟以及印度洋区域的布局，逐步树立山东省在国际上的海洋科技输出品牌。

# 第十一章　山东渔业产业助力乡村振兴研究

　　海洋渔业是山东经济的支柱产业，20 世纪 90 年代，"海上山东"战略在山东启动；2010 年，山东成为第一批全国海洋经济发展试点地；2011 年，山东半岛蓝色经济区建设成为全国第一个以海洋经济为主题的国家战略；2018 年年初，国务院批复山东为全国唯一的新旧动能转换综合试验区，赋予山东探索转换增长动力和转变发展方式的重任。2018 年 3 月 8 日，习近平总书记在参加十三届全国人大一次会议山东代表团审议时强调，"海洋是高质量发展战略要地。要加快建设世界一流的海洋港口、完善的现代海洋产业体系、绿色可持续的海洋生态环境，为海洋强国建设做出贡献"①。这使山东经略海洋的思路更加清晰。省委书记刘家义指出"海洋兴则山东兴，海洋强则山东强。开创新时代现代化强省新局面，最大的潜力在海洋，最大的空间在海洋，最大的动能在海洋"。2018 年 5 月，海洋强省建设，制定实施"十大行动"方案。据海洋统计显示，2019 年山东海洋 GDP1. 48 万亿元，占到全省地区 GDP 的 20%；拥有 3 个超过 4 亿吨吞吐量大港；是海洋牧场建设唯一综合试点省份；海洋科技人才集聚，海洋科技实力走在全国前列。

---

① 王仁宏、曹昆：《习近平谈建设海洋强国》，人民网，http：//politics. people. com. cn/n1/2018/0813/c1001 – 30225727. html.

# 第一节 山东省渔业现状分析

## 一 渔业经济发展状况

从渔业生产产量来看。1991年，山东启动"海上山东"建设工程，重点开发海洋和内陆渔业资源，使得渔业及相关产业得到了迅速发展。整理历年《中国渔业统计年鉴》数据（见图11-1），山东省海水产品产量整体呈现两个趋势：以1999年为分界点，这之前全省海洋捕捞产量持续增长，特别是受1985年水产品价格开放影响增长较快，在1998年和1999年达到峰值，超过300万吨；随着渔业技术的提高促使捕捞能力的增强，渔业捕捞量超过了资源承载力，海域污染、海洋生态环境日趋恶化，海洋资源严重衰退。为了保护渔业资源和近海环境，海洋渔业从"猎捕型"向"放牧式"转型。在发展养殖业的方针指导下，1999年之后，山东的海洋捕捞业产量开始逐渐减少，近年来捕捞产量逐渐处于负增长状态。而海水养殖产量在2001年超过捕捞产量后，更是逐年拉大差距，实现了整个海洋渔业产业的转型。

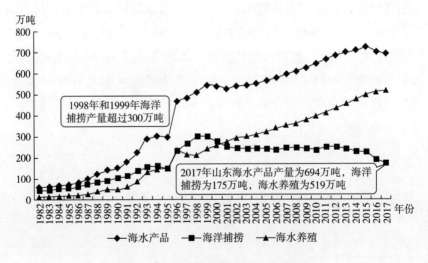

**图11-1 山东历年海水产品产量变化**

资料来源：1978—2018年《中国渔业统计年鉴》。

　　从渔业产值角度分析。2017 年年底（按当年价格计算），山东省渔业经济总产值为 3986.9 亿元，居于全国第一位，渔业产值占农业产值比重为 16.1%；其中，海洋捕捞为 310.1 亿元，全国位于第三位；海水养殖的产值为 904.6 亿元，全国位居第一（见图 11－2）。就山东省各个沿海城市来看，2017 年威海市实现渔业经济总产值 1398 亿元，同比增长 5.2%，2018 年威海市渔业经济总产值 1450 亿元，同比增长 3.5%，在全国地级市中一直处于绝对领先地位。这与威海市的经济产业结构相关，海洋渔业一直是威海市的一个支柱产业，近年来注重加快海洋产业转型，努力将单一产业向产业链融合转变，海洋牧场建设和休闲渔业的发展也是威海市的经济增长点。

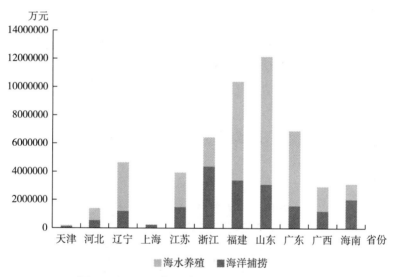

**图 11－2　2017 年沿海省份海洋渔业产值比较**

资料来源：2018 年《中国渔业统计年鉴》。

　　从从业人员结构角度分析。到 2017 年年底，山东省现有 93 个渔业乡，1346 个渔业村，渔业户达到 458519 户。在 1710704 人的渔业人口中传统渔民为 644636 人，占 37.68%。其中海洋捕捞专业从业人员达到 208208 人，海水养殖专业人员为 354231 人。从地域分布上看，从业人员主要集中在沿海七市，其中，以烟台、威海、青岛三市的海洋捕捞从业人员最多。

### 二 海洋捕捞发展状况

黄渤海区是山东省海洋捕捞生产的主要作业渔场。半岛沿岸有黄河入海口，沿海20多条河流所携带的营养盐类和有机物使大量浮游生物和底栖生物得以滋养繁殖，近海集聚了丰富的浮游动植物饵料资源，各种底栖生物在此生长繁殖，为各种经济类渔业生物资源提供了各种有利的条件，成为中国海域重要的鱼类洄游索饵场。并且，山东省位于温带，近海温度适宜，海区自然温度适合鱼类的生长繁殖，成为大部分鱼类、虾蟹等的生活场所，为洄游性鱼类提供了很好的产卵场，很多洄游性鱼类，如带鱼、鲅鱼等在此产卵，形成重要的渔场，如烟威渔场等。可提供经济鱼类、虾蟹等资源达80多种。

从捕捞种类来看，2017 年山东海洋捕捞产量为1749591 吨，同比减少7.2%，低于浙江省，位于全国第二，略高于福建省（见表11 – 1）。其中只有贝类和其他类（海蜇）的捕捞量位于全国第一。结合海洋捕捞产值分析（见表11 – 2），全国海洋捕捞单位产值为17868元/吨，山东省虽然产量和产值都居于前列，但海洋捕捞单位产值为17766 元/吨，低于全国平均水平，这说明山东省海洋捕捞中高经济类别的产品比重较低。

表 11 – 1　　　　2017 年海洋捕捞产量（按种类分）　　　　单位：吨

| 省份 | 总计 | 鱼类 | 甲壳类 | 贝类 | 藻类 | 头足类 | 其他 |
|---|---|---|---|---|---|---|---|
| 全国 | 11124203 | 7652163 | 2075964 | 442890 | 19976 | 616558 | 316652 |
| 河北 | 234049 | 138450 | 47534 | 19786 | 0 | 9740 | 18539 |
| 辽宁 | 552000 | 326033 | 108555 | 50880 | 237 | 27796 | 38499 |
| 江苏 | 530322 | 293603 | 154009 | 41933 | 1229 | 14936 | 24612 |
| 浙江 | 3093263 | 2116197 | 794931 | 14772 | 604 | 147315 | 19444 |
| 福建 | 1743208 | 1268922 | 313557 | 40115 | 1714 | 104725 | 14175 |
| 山东 | 1749591 | 1214121 | 207349 | 139898 | 1058 | 91325 | 95840 |
| 广东 | 1441363 | 1021609 | 234570 | 54257 | 6423 | 76199 | 48305 |

续表

| 省份 | 总计 | 鱼类 | 甲壳类 | 贝类 | 藻类 | 头足类 | 其他 |
|---|---|---|---|---|---|---|---|
| 广西 | 610758 | 344344 | 126900 | 53297 | 0 | 45777 | 40440 |
| 海南 | 1127331 | 900415 | 77345 | 26333 | 8711 | 97939 | 16588 |

资料来源：2018 年《中国渔业统计年鉴》。

**表 11 - 2　　　　2017 年各地区海洋捕捞单位产值**

| 省份 | 全国 | 河北 | 辽宁 | 江苏 | 浙江 | 福建 | 山东 | 广东 | 广西 | 海南 |
|---|---|---|---|---|---|---|---|---|---|---|
| 产值（万元） | 19876514 | 539325 | 1199695 | 1487873 | 4373294 | 3403960 | 3108322 | 1586257 | 1215054 | 2035926 |
| 产量（吨） | 11124203 | 234049 | 552000 | 530322 | 3093263 | 1743208 | 1749591 | 1441363 | 610758 | 1127331 |
| 单位产值（元/吨） | 17868 | 23043 | 21734 | 28056 | 14138 | 19527 | 17766 | 11005 | 19894 | 18060 |

资料来源：2018 年《中国渔业统计年鉴》。

从机动渔船年末拥有量来看。2017 年山东海洋机动渔船年末拥有量为 38410 艘，1121795 总吨，2157445 千瓦。比 2016 年减少了 3710艘，增加了 340 总吨，减少了 79723 千瓦。其中，生产渔船为 37996艘，1044229 总吨，2015090 千瓦。包含捕捞渔船为 21352 艘，977418 总吨，1747680 瓦。捕捞渔船的数量和总吨分别占总数的55.6% 和 87.1%，占生产渔船的 56.2% 和 93.6%。从地域上看，山东省沿海七市中，渔船总数量仍是以烟台、威海和青岛占大多数。

从海洋捕捞渔具方面分析。山东省严格实施国家海洋捕捞业产量"零增长"政策，如表 11 - 1 所示，山东省的海洋捕捞业总产量近年来整体处于稳定减少的状态。如图 11 - 3 所示，山东省海洋捕捞仍然以传统的拖网作业产量最高，达到总产量的 65%，其次为刺网作业，占 19%，再次是张网作业，占 6%，而围网和钓具等都占比很少。

**三　海水养殖业**

一直以来，良好的养殖环境为山东省水产养殖业的发展提供了得天独厚的条件，海水养殖业五次浪潮均从山东发端，推动了我国海洋渔业快速发展：20 世纪 60 年代，以海带、紫菜养殖为代表的海藻养殖浪潮；80年代，以对虾养殖为代表的海洋虾类养殖浪潮；90年代，以扇贝养殖为代表的海洋贝类养殖浪潮；20世纪末，以鲆鲽养殖为代表的海洋鱼类养殖浪潮；21世纪初，以海参、鲍养殖为代表的海珍品养殖浪潮。养殖技术的发展，使得我国水产业实现了"养殖高于捕捞""海水超过淡水"的两大历史性突破。

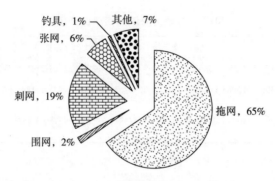

**图11-3　2017年山东海洋渔业捕捞产量按渔具比例**

资料来源：2018年《中国渔业统计年鉴》。

从渔业养殖结构上看，2017年海水养殖产量达到5190835吨，其中，鱼类产量122745吨，占养殖产量的2.4%；甲壳类产量143818吨，占养殖产量的2.8%；贝类产量4141201吨，占养殖产量的79.8%；藻类产量659286吨，占养殖产量的12.7%；其他类产量124786吨，占养殖产量的2.4%。贝类仍然是山东省的主要养殖类别，其中蛤的产量最大，依次是扇贝和牡蛎。从养殖面积上看，2017年山东海水养殖面积达610377公顷，占全国养殖面积的29.3%，比2016年增长5577公顷，同比增长9.2%。其中海上养殖面积占315390公顷，滩涂面积占220865公顷，其他为74122公顷。结合海水养殖产值、产量和养殖面积，可以看出，山东省单位产量除了藻类高于全国平均水平，其他都低于全国平均水平，特别是甲壳类，不足全国平均水平的三成，但海水养殖的产值居于全国第一位，这说明高经济价值的养殖品种较多。

从渔业生产方式上看，全省海水养殖产量最多的是筏式养殖，其次是底播养殖，仅这两项就占总产量的 72.2% 。从地域分布来看，各个地市根据自身的自然资源条件和产业发展情况，发展各自的优势养殖品种。青岛市以筏式养殖为主，东营以底播养殖为主，烟台以筏式养殖和底播养殖为主，潍坊和威海四种养殖方式占比均衡，日照以筏式养殖为主，滨州以滩涂养殖、池塘养殖和底播养殖为主。2017 年普通网箱达到 16.3 万平方米、深水网箱达到 19.7 万立方米，而工厂化养殖 105.4 万立方米水体且占全国工厂化养殖面积的三成多。

至 2020 年，发展省级及以上海洋牧场 7.9 万公顷，国家级海洋牧场达到 44 家、占全国的 40%，成为乡村振兴和海洋强省建设的突破口。海洋牧场建设模式以"增殖放流 + 人工鱼礁 + 藻场移植 + 智能网箱"的"农牧型"为主。基于各海区不同资源情况，研究养殖模式，在威海桑沟湾海域，通过推行 7 份藻类、2 份贝类、1 份鱼类的"721"生态立体养殖模式，亩产经济效益增加了 2.5 倍，综合经济效益显著提升。

### 四　水产品加工业

山东是渔业大省，2017 年水产品加工产值达 107.69 亿元，居全国首位，用于加工的海水产品为 7730461 吨，海水加工品达到 6872476 吨，占全国海水加工品的 38.4%，同样加工数量居全国首位，其中水产冷冻品数量最多达 5396116 吨，占全省加工量的 78.5%，是山东水产加工业的主营业务。2017 年年底山东省拥有水产加工企业 1754 个，规模以上加工企业 575 个，水产品加工能力达到 888.4 万吨/年。水产品冷库 1933 座，冻结能力 32.2 万吨/日，冷藏能力 155.5 万吨/次，制冰能力 5.5 万吨/日，以上加工企业和冷库情况，除水产品加工企业位居第二，其他都位居全国第一。海参、鲍鱼、对虾、扇贝、梭子蟹、海带等 10 大优势主导产业初具雏形。

水产品加工业延长了海洋渔业生产的产业链，赋予初级渔获更多的价值，在渔业经济中占有非常重要的地位，对促进渔业产业升级、实现产业增值、增加就业等有着积极的促进作用。但从目前来看，山东省水产加工业普遍存在着初级加工品多、精深加工品少、保鲜保活技术落后等问题。近年来，山东水产加工业以产品增值为目的，以产业调整为动力，充分利用国内国外市场资源，不断引进先进的技术和设备，提示产品质量和附加值，以增强市场的竞争力，使产量，质量和经济效益都有大幅提高，成为山东渔业经济的一个重要支柱产业。

## 第二节　日本渔村振兴经验借鉴

日本周边水域是世界上生产力最高的水域之一，渔获种类及渔获量极为丰富。海岸线的总长度约为 35000 千米，日本约有 7000 个岛屿。沿海的许多渔村都位于里亚斯型海岸，半岛和偏远的岛屿上，尽管它们具备渔业生产的有利条件，但易受自然灾害和除捕鱼以外的其他方面的影响。2019 年渔业局调查结果表明，依托渔港的渔村为4090 个，其中在半岛地区中占 34%，在偏远岛屿地区中占 19%。从渔村人口结构来看，渔村老龄化率比日本全国平均水平高约 10 个百分点，且人口总数不断减少，截至 2019 年 3 月，渔村的人口为 184万。日本历年人口变化如图 11 - 4 所示。

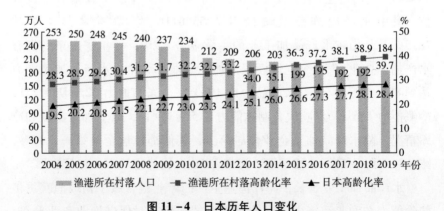

**图 11 - 4　日本历年人口变化**

注：1. 老龄化率是按类别划分的 65 岁及以上人口占总人口的比例。

2. 从 2011 年至 2019 年，渔村的人口和老龄化率不包括岩手，宫城和福岛这三个县。

资料来源：内务和通信部渔业厅的调查（渔港后面村庄的人口和老化率）"人口估算"（日本的人口老化率，人口普查年份是根据人口普查人口得出的）。

　　渔业除了传统的被定义为开展渔业生产活动，现代的渔业还赋予多角度的视点定义，如沿海地区和渔村创造新产业的空间，以及实现渔村独有的生活方式的场所。从消费者角度来看，更期待渔业和渔村能够在现有的渔业供应框架之外发挥各种作用。在渔业和渔村的舞台上，将人、渔村和消费者从人与人，人与社会多种角度有机有联合起来。当渔村中的渔业良好运营时，才能展示出渔业和渔村的多功能性，但是日本渔村的人口减少且人口老龄化严重，致使渔村活力下降，阻碍了多方面功能的发挥。为了改善这种情况，发挥渔业多样性，振兴渔村，日本做了多方尝试。从国家政策层面，2017 年 4 月日本内阁决议的"渔业基本计划"中将"发挥渔业和渔村的多方面功能"提上日程。除了让国民认识到需促进渔业功能有效性的作用外，还提出了渔村和渔民的边境水域监测功能，形成庞大的海洋监测网络。从法律方面，在修订后的《中华人民共和国渔业法》中规定，国家和县政府需发挥渔业和渔村多种功能，健全渔民活动和振兴渔村。因此，中央政府在鼓励渔民和利益相关者发挥独创性，保护藻场和滩涂，维持、保全、改善内水面生态系统，海上救援和边境水域监测等措施上积极地开展有助于实现渔业和渔村多方面功能的努力。

　　渔村拥有丰富的当地资源，例如丰富的自然环境，季节性的新鲜海产品，独特的加工技术，传统文化以及亲水性休闲的机会。日本振兴渔村的重要措施之一是通过充分把握和最大限度地利用每个渔民拥有的当地资源来增加游客数量并促进交流。为此，除当地资源外，还根据渔村的特点采取措施，包括可达性和接纳系统的状况、餐馆、住宿、旅游等各要素持续有效的振兴渔村，并与当地社区，商会等相关方合作。

　　此外，为提高当地渔业收入，正在开展的"滨活力振兴计划"和"滨活力振兴广域计划"有望通过促进渔业振兴渔村。预计通过这些努力为区域创造就业机会并改善渔民的收入，在该区域创造动力和满足感，通过提高区域的知名度，从而使整个区域恢复活力。针对收入的提高，提出了具体的数值目标"在该计划中提出的目标年度之前增加 1 成以上"。由于事业期间基本上为 5 年，所以渔民的目标是通过 5

年的努力增加自己的收入 1 成以上。计划的基本目的是通过提高渔民收入来振兴渔村，提高渔民收入的直接措施包括渔业收入的提高（扩大销售）和渔业成本的消减（降低成本），作为促进的手段，政府出台了各种补助支援措施。重点支持的事业包括：支持重组整备事业，支持新渔业就业者事业，支持水产加工业经营改善事业、监测海域等项目，渔村女性地区实践活动，引进新技术和低成本的水资源事业，防止有害生物项目，资源增值项目，发挥水产业功能的事业，保障水产供应基础事业等（龟冈鉱平，2017）。

## 第三节　山东渔业产业对策

### 一　"良种"、"良法"养殖模式的建立

随着海水养殖集约化、现代化水平稳步提高，应重点发展人工精养模式，特别是为顺应海洋渔业转型升级和海洋生态文明建设的需要，积极建设人工鱼礁，推动海洋牧场的发展。"增殖型鱼礁""渔获型鱼礁""休闲垂钓型鱼礁""海珍品繁育型鱼礁"等是山东依据近岸优良海域投放的人工鱼礁群的主要类型。2019 年 1 月《山东省现代化海洋牧场建设综合试点方案》（以下简称《方案》）中确立了"一体、两带、三区、四园、多点"的空间布局，形成近浅海和深远海协调发展的新格局。充分利用山东的海洋科技优势，促使科研院所与重点企业对接，推行"龙头企业＋合作社＋渔户＋科研单位"的产学研养殖模式。培育基于海洋牧场的休闲海钓产业，引导海水养殖与海洋休闲旅游产业相互发展。《方案》探索深远海养殖方式，开发黄海冷水团水域养殖三文鱼等高价值冷水鱼类，推进海洋牧场走向深蓝。

### 二　以市场需求为导向调整产业结构

发挥山东渔业资源比较优势，以需求导向进行产业结构调整。受渔业自然资源的制约，山东海洋捕捞产量平稳降低，处于负增长发展，而海水养殖业，特别是海洋牧场和机械化养殖成为发展趋势。随

着社会的发展，消费者的需求偏好、购买行为有了很大变化。消费引导是国家或社会群体对消费者的消费偏好、风气、知识和情趣等方面的有意识的影响。进行产业结构的优化和调整时，以市场的需求为基础，才能实现推动产品规模迅速扩大的目的。

以消费者需求为导向发展水产品的精深加工，调整产业结构，提高产品附加值，增强企业竞争力，结合山东省沿海地区社会经济和渔区基础条件，打造水产品研发和加工基地，借此推进产业集群化和产业链的延伸。此外，品牌的建立可以提高顾客的忠诚度，提高企业的知名度，并对市场的需求做出快速反应。品牌的创立和维护在保持高品质的同时要提高企业自身的核心竞争力，并建立全程可追溯系统保障产品质量。

### 三 推进渔业第一、第二、第三产业融合和上下游跨界发展

推进农村第一、第二、第三产业融合发展，是我国经济步入新常态、农业农村发展进入新阶段作出的重大决策。山东在推进渔业现代化发展的过程中，迫切需要推进渔业第一、第二、第三产业融合发展以及上下游跨界发展，以延伸产业链、增效增值发展渔业经济。

培育发展新型渔业经营主体。推进多种形式的规模经营，创建示范性渔业专业合作社和家庭渔场，引导新型渔业经营主体在推进渔业第一、第二、第三产业融合发展中发挥主导作用，增强个体渔民参与渔业发展的能力，使渔民渔业经营"单打独斗"模式变成"团体合作"模式，促进渔业一产向第二、第三产业自然延伸，分享融合发展带来的"红利"。

加快渔业的生产环节、销售环节和服务环节的前后延伸，目前山东海水养殖业，特别是海洋牧场发展势头足，依托海洋牧场和工厂化养殖，发展渔业产业园区。在海水养殖的基础上，引进水产品精深加工，提高水产品的附加值；建立冷链物流和营销网络，搭建市场交易电商平台，通过产业投资助推、工业互联网赋能，打造具有源头优势生鲜供应链平台，实现生鲜供应链"最先一公里"。

# 参考文献

陈继红、朴南奎：《上海自贸区国际集装箱物流中转服务策略——基于韩国釜山港经验》，《中国流通经济》2016年第7期。

陈平、吴迎新：《广东省海洋产业发展优化研究》，海洋出版社2015年版。

成长春：《对标世界级城市群，实现长三角高质量一体化发展》，《经济日报》2018年11月8日第15版。

戴为卿、王婧、肖纪连：《日本海洋立法对我国海洋法制建设的启示》，《法制与社会》2016年第12期。

丁志习：《山东渔业六十年沧桑巨变》，《中国水产》2009年第10期。

杜鹰：《中国区域经济发展年鉴》，中国统计出版社2012年版。

段忠贤、刘强强：《从管理到治理：十八大以来我国政府治理的理论与实践》，《秘书》2018年第1期。

高乐华、曲金良：《基于资源与市场双重导向的海洋文化资源分类与普查——以山东半岛蓝色经济区为例》，《中国海洋大学学报》（社会科学版）2015年第5期。

[日]宫本一夫：《从神话到历史：神话时代夏王朝·中文版自序》，广西师范大学出版社2013年版。

管振：《海洋文化对我国经济发展的影响》，《生产力研究》2013年第2期。

韩立民：《中国海洋战略性新兴产业发展问题研究》，经济科学出版社2016年版。

郝艳萍、王圣：《山东港口集团：下好"一盘棋"做好"合"文章》,《中国水运报》2019 年 8 月 14 日第 5 版。

何广顺:《共建蓝色伙伴关系　串起海上"朋友圈"》,《中国海洋报》2017 年 7 月 19 日第 2 版。

和龙、葛新权、刘延平:《我国农业供给侧结构性改革:机遇挑战及对策》,《农村经济》2016 年第 2 期。

黑格尔:《历史哲学》,潘高峰译,九州出版社 2011 年版。

胡志勇:《积极构建中国的国家海洋治理体系》,《太平洋学报》2018 年第 4 期。

孔祥智:《农业供给侧结构性改革的基本内涵与政策建议》,《宏观经济与微观运行》2016 年第 2 期。

乐佳华、刘伟超:《从供给侧改革视角探究中国渔业产业结构升级——基于面板数据的实证分析》,《世界农业》2017 年第 10 期。

李斌:《生态兴则文明兴,生态衰则文明衰》,《人民日报》2018 年 5 月 19 日第 8 版。

李大海、孙杨、韩立民:《21 世纪海上丝绸之路:物流分析、支点选择与空间布局》,《太平洋学报》2017 年第 1 期。

李乃胜:《经略海洋》,海洋出版社 2016 年版。

李士豪、屈若搴:《中国渔业史》,商务印书馆 1998 年版。

刘大海:《中国海洋经济全面开放水平测定与提升对策》,《区域经济评论》2018 年第 5 期。

刘方亮、师泽生:《试论实现国家治理体系和治理能力现代化的条件》,《学习与探索》2016 年第 2 期。

刘家义:《深入贯彻落实习近平总书记海洋强国战略思想　努力在发展海洋经济上走在前列——在山东海洋强省建设工作会议上的讲话》,《大众日报》2018 年 6 月 20 日第 1 版。

刘家义:《重新认识、定位海洋——海洋兴则山东兴,海洋强则山东强》,《大众日报》2018 年 5 月 11 日第 1 版。

刘明:《学习领悟习近平关于海洋科技创新的重要论述》,《中国海洋报》2019 年 10 月 15 日第 8 版。

刘诗平:《国家海洋督察组:山东海洋工作存在四大主要问题》,

新华网，https：//baijiahao. baidu. com/s？id＝1605046252574068256&wfr＝spider&for＝pc，2018 年 7 月 5 日。

刘志迎、徐毅、庞建刚：《供给侧改革——宏观经济管理创新》，清华大学出版社 2016 年版。

［美］玛格丽特·科恩：《小说与海洋》，陈橙、杨春燕、倪敏译，上海译文出版社 2018 年版。

孟祥君：《中国东部海区地球物理调查及重磁场特征》，《海洋地质与第四纪地质》2014 年第 6 期。

钱宏林等：《广东省海洋强省建设策略》，海洋出版社 2016 年版。

曲金良：《海洋文化艺术遗产的抢救与保护》，《中国海洋大学学报》2003 年第 3 期。

沈杰：《美国海洋管理的经验与启示》，《中国海事》2016 年第 11 期。

苏锐：《山东：可移动文物保护"箭在弦上"》，《中国文化报》2017 年 3 月 30 日第 6 版。

苏文菁：《建设中国海洋文化基因库复兴中国传统海洋文化》，《中国海洋报》2017 年 6 月 21 日第 2 版。

孙书贤：《推进生态文明建设，共筑共享美丽海洋》，《中国生态文明》2016 年第 6 期。

孙晓春：《山东省海洋创新型人才配套保障体系建设研究》，载李乃胜等编著《经略海洋 2016》，海洋出版社 2016 年版。

孙悦民：《海洋治理概念内涵的演化研究》，《广东海洋大学学报》2015 年第 2 期。

田良、秦灿：《山东省海洋生态文明建设探索与实践》，《海洋开发与管理》2017 年第 2 期。

涂然、王新军：《城际合作是长三角一体化发展的基础》，《环境经济》2019 年第 1 期。

王贝贝：《山东海洋经济的发展方向》，《农村经济与科技》2016 年第 15 期。

王国安：《现代化背景下宁波海洋文化遗产的保护模式与开发路

径》，《中共宁波市委党校学报》2013 年第 2 期。

王国平：《产业升级论》，上海人民出版社 2015 年版。

王竞超：《近年来日本海洋政策决策机制的转型：背景、制度设计与局限》，《中国海洋大学学报》（社会科学版）2018 年第 3 期。

王琪：《海洋治理主体能力提升的现实路径》，《中国社会科学报》2018 年 12 月 12 日第 9 版。

王守信：《积极践行社会主义生态文明观，不断提升海洋生态文明建设水平》，《中国海洋报》2018 年 2 月 28 日第 4 版。

王星光、贾兵强：《国外历史文化遗产保护机制及其对我国的启示》，《广西民族研究》2008 年第 1 期。

王永卫：《山东着力推动海洋经济发展》，《中国海洋报》2018 年 9 月 28 日第 1 版。

魏艳、朱方彬：《改革开放以来国家治理体系和治理能力现代化问题研究》，《云南民族大学学报》（哲学社会科学版）2018 年第 5 期。

徐文玉：《基于产业主体的海洋文化产业发展研究》，《浙江海洋学院学报》（人文社科版）2016 年第 12 期。

徐文玉：《我国海洋文化产业供给侧结构性改革探析》，《中国海洋经济》2018 年第 1 期。

徐文玉：《中国海洋文化产业主体及其发展研究》，博士学位论文，中国海洋大学，2018 年。

严文明：《东夷文化的探索》，《文物》1989 年第 9 期。

杨振姣、闫海楠、王斌：《中国海洋生态环境治理现代化的国际经验与启示》，《太平洋学报》2017 年第 4 期。

余玲、麻三山：《海洋文化遗产：构筑美丽中国的血脉符号》，《前沿》2015 年第 5 期。

俞可平：《中国的治理改革（1978—2018）》，《武汉大学学报》（哲学社会科学版）2018 年第 3 期。

张振鹏：《我国文化产业转型升级的四个核心命题》，《学术论坛》2016 年第 1 期。

张忠：《青岛农村地区海洋文化产业发展现状及对策分析》，《广东海洋大学学报》2015年第4期。

赵尔巽：《清史稿》，中华书局1976年版。

赵洪杰、付玉婷：《海洋兴则山东兴，海洋强则山东强》，《大众日报》2018年5月11日第2版。

郑贵斌、刘娟、牟艳芳：《山东海洋文化资源转化为海洋文化产业现状分析与对策思考》，《海洋开发与管理》2011年第3期。

周武才：《古代山东地区渔业发展和资源保护》，《中国农史》1985年第1期。

Gibbon P. , Bair J. and S. Ponte, "Governing Global Value Chains: An Introduction", *Economy and Society*, Vol. 37, No. 3, 2008.

Halim, Kwakkel and Tavasszy, "A Scenario Discovery Study of The Impact of Uncertainties in The Global Container Transport System on European Ports", *Futures*, Vol. 81, 2016.

Hong C. , "Building a Measurement Model for Port – Hinterland", *Container Transportation Network Resilience*, Vol. 36, No. 12, 2015.

Humphrey John and Hubert Schmitz, "How Does Insertion in Global Value Chains Affect Upgrading in Industrial Clusters?" *Regional Studies*, No. 369, 2002.

亀岡鉱平：《浜の活力再生プランの取組状況と地域漁業振興の課題》，《農林金融》2017年第5期。

# 后　记

　　《山东海洋强省建设前沿问题研究》是山东省海洋经济文化研究院近年来对"山东海洋强省建设"的研究成果之一，由山东社会科学院创新工程资助出版。本书立足山东、面向全国乃至世界发展，对山东海洋强省建设在理论与实践方面的若干前沿问题进行了详尽的梳理和细致的分析，力求突出山东省在海洋强省建设中的新成绩、新趋势、新问题，并以此为基础，提出相应的对策建议，希望能对读者了解山东海洋强省有所帮助。

　　山东省海洋经济文化研究院院长崔凤祥主持本书编写工作，并负责本书的总体设计与全书的审稿、定稿；王圣负责书稿的组织协调和修改、复审。参与本书撰写的人员有：崔凤祥、刘康、郝艳萍、朴文进、赵玉杰、王圣、管筱牧、于千钧、鲁美妍、童德琴、徐文玉、王苧萱。其中，绪论由崔凤祥和刘康撰写，第一章由崔凤祥撰写，第二章由郝艳萍撰写，第三章由于千钧撰写，第四章由王圣撰写，第五章由朴文进撰写，第六章由鲁美妍撰写，第七章由徐文玉、王苧萱撰写，第八章由刘康撰写，第九章由赵玉杰撰写，第十章由童德琴、朴文进合作撰写，第十一章由管筱牧负责撰写。

　　本书编写过程中吸收了有关部门和专家学者的一些前期研究成果，参考借鉴了相关海洋实践部门提供的资料、收集了部分省内外媒体发表的文献作为撰写基础，在此一并致谢。

　　限于能力和水平，错漏之处，敬请指正。